이 책은 프랜시스 크릭과 생화학자 레슬리 오겔이 1973년 발표한 '정향 범종설'을 구체화하기 위해 쓰였다. 모든 생명이 외계 생명체의 후손이라는 크릭의 주장은 당시 과학자들 사이에서 의견이 분분했지만, 현대에 와서 더욱 힘을 얻고 있다. 우주 먼지와 지구에 떨어진 운석을 분석한 결과, 우주에 아미노산 같은 생명의 원료가 되는 물질이 풍부하다는 사실이 드러난 것이다. 이 책 전반에는 생명의 기원에 대한 답을 얻고자 한 크릭의 예리한 관찰력과 학문적 열정, 도발적인 세계관이 녹아 있다. 지구 생명체의 기원부터 걸쭉한 수프에서 산소가 만들어지고 미생물에서 인류로 진화하기까지, 우주의 형성과 생명 탄생이라는 불가분의 관계 속에서 인간 존재의 의미를 성찰한다.

생명 그 자체
:40억 년 전 어느 날의 우연

Life

지구 생명의 시작에 관하여

생명 그 자체
:40억년 전 어느 날의 우연

Itself

프랜시스 크릭 지음 | 김명남 옮김 | 이인식 해제

김영사

생명 그 자체: 40억 년 전 어느 날의 우연

1판 1쇄 인쇄 2015. 9. 5.
1판 1쇄 발행 2015. 9. 11.

지음 프랜시스 크릭
옮김 김명남
기획·해제 이인식 지식융합연구소장

발행인 김강유
책임 편집 임지숙 편집 김지용
책임 디자인 임현주
해외 저작권 차진희, 박은화
마케팅 김용환, 김재연, 백선미, 김새로미, 정성준, 이헌영, 고은미
홍보 고우리, 박은경, 함근아
제작 김주용, 박상현
제작처 재원프린팅, 금성엘앤에스, 대양금박, 정문바인텍

발행처 김영사
등록 1979년 5월 17일(제406-2003-036호)
주소 경기도 파주시 문발로 197(문발동) 우편번호 10881
전화 마케팅부 031)955-3100, 편집부 031)955-3250 | 팩스 031)955-3111

값은 뒤표지에 있습니다.
ISBN 978-89-349-7205-1 03470

독자 의견 전화 031)955-3200
홈페이지 www.gimmyoung.com   카페 cafe.naver.com/gimmyoung
페이스북 facebook.com/gybooks   이메일 bestbook@gimmyoung.com

좋은 독자가 좋은 책을 만듭니다.
김영사는 독자 여러분의 의견에 항상 귀 기울이고 있습니다.

이 도서의 국립중앙도서관 출판예정도서목록(CIP)은 서지정보유통지원시스템 홈페이지
(http://seoji.nl.go.kr)와 국가자료공동목록시스템(http://www.nl.go.kr/kolisnet)에서
이용하실 수 있습니다.(CIP제어번호 : CIP2015023633)

오딜에게

| 차례 |

과학과 소설의 경계를 넘나드는 생명 이론

_이인식(지식융합연구소 소장)

어쩌면 우리는 가까운 별의 행성에 사는 더 고등한 존재들로부터
은밀히 감시를 받는 처지일지도 모른다. _프랜시스 크릭

1

과학자들이란 평생을 두고 특정 분야만을 외곬으로 파고드는
사람들이라고 여기는 사회 통념에 비추어 볼 때 프랜시스 크
릭Francis Crick만큼 파격적인 인물도 찾아보기 힘들 것 같다.

1916년 영국 태생인 크릭은 분자생물학과 신경과학에서 획
기적인 연구 성과를 내놓았다. 그는 런던 대학교에서 물리학
을 공부한 뒤 제2차 세계대전이 발발하자 영국 해군의 연구소
에서 무기 개발에 참여했다. 전쟁 후에는 31세인 1947년부터
생물학을 공부하기 시작한다. 전공을 물리학에서 생물학으로
바꾸면서 그는 "다시 태어난 듯한 느낌"이라고 말하기도 했다.
1949년부터 케임브리지 대학교에서 생물물리학을 연구했다.

1951년 후반에 미국에서 건너온 젊은 생물학자인 제임스 왓슨 James Watson(1928~)과 함께 모든 생물의 유전자 본체인 디옥시리보핵산 DNA의 구조를 분석했다. 두 사람이 처음 만났을 때 35세인 크릭은 전쟁 때문에 박사학위를 취득하지 못한 처지였으나, 왓슨은 23세에 이미 박사학위를 갖고 있었다. 1953년 2월 28일 두 사람은 마침내 DNA 분자 구조를 발견하고, 같은 해 영국의 국제 학술지인 《네이처 Nature》 4월 25일자에 실린 900단어밖에 안 되는 짧은 논문에서 DNA 분자의 입체구조 모델이 이중나선 double helix이라고 발표했다. 이중나선은 아메바에서부터 사람에 이르기까지 모든 생물의 유전자에 공통되는 구조이다. DNA 분자 구조를 발견한 즉시 크릭과 왓슨이 "우리는 생명의 비밀을 발견했다"고 외칠 만했다. DNA의 분자 구조가 밝혀짐에 따라 유전 현상을 분자 수준에서 설명하는 분자생물학이 출현했다. 1962년 크릭과 왓슨은 이 업적으로 노벨상을 받았다.

크릭은 생명의 기원에도 각별한 관심을 갖고 영국의 화학자인 레슬리 오겔 Leslie Orgel(1927~2007)과 함께 독특한 이론을 제안했다. 1973년 오겔이 펴낸 《생명의 기원 The Origins of Life》은 국내에도 번역 출간된 바 있다. 1973년 두 사람은 행성과학 전문지인 《이카루스 Icarus》 7월호에 정향定向 범종설汎種說, Directed Panspermia을 발표했다. 생명이 지구에서 비롯된 것이 아니라 지구를 끊임없이 감시하고 있는 외계 생명체에 의하여 생명의 씨앗이 지구에 뿌려진 것이라는 이론이어서 학계에 충격을 주었다. 1981년 크릭이 정향 범종설을 널리 알리기 위해 펴낸 저서가 바로 이 책《생명 그 자체: 40억 년 전 어느 날의 우연 Life Itself》이다.

크릭의 탐구 정신은 여기에서 멈추지 않았다. 1980년대 중반부터는 신경과학으로 관심을 돌려 과학의 연구 주제에서 제외되어 있던 의식consciousness의 연구에 몰두하였다. 물리학에서 생물학으로 전공을 바꾸었던 크릭으로서는 생물학에서 신경과학으로 연구 분야를 두 번째 바꾼 셈이다. 크릭의 의식 연구에 자극을 받은 미국 신경과학회는 1994년 의식에 관한 최초의 심포지엄을 갖기에 이르렀다.

의식은 현대과학이 풀지 못한 최대 수수께끼의 하나이다. 의식은 무엇이며, 의식은 왜 존재하는가를 완벽하게 설명해낸 이론은 아직까지 없다. 의식은 주관적인 현상이기 때문에 객관성에 의존하는 과학의 연구 대상이 되지 못했으나 크릭이 의식을 과학의 영역으로 끌어들인 것이다.

1994년 크릭은 자신의 의식에 관한 이론을 소개한 저서인《놀라운 가설 The Astonishing Hypothesis》을 펴냈다. 이 책에서 크릭은 사람의 정신활동은 전적으로 신경세포(뉴런)의 행동에 의한 것이라고 설명했다. 또한 미국의 신경과학자인 크리스토프 코흐Christof Koch(1956~)와 함께 연구를 하면서, 의식의 수수께끼를 탐구하는 지름길은 의식과 상관된 신경세포들, 이른바

NCCneural correlates of consciousness를 발견하는 것이라고 주장했다. 뇌 안에서 의식과 가장 관련이 많은 신경세포들을 찾아내서 그 기능을 밝혀내면 의식을 이해할 수 있다는 의미이다.

생명과 의식의 본질에 관한 연구에서 위대한 업적을 남긴 크릭은 2004년 7월 28일 미국에서 결장암으로 세상을 떠났다. 향년 88세.

2

이 책의 서문 제목은 페르미 논증Fermi's argument 또는 페르미 역설Fermi's paradox의 저 유명한 질문인 "그래서 그들은 어디에 있는가So Where Are They?"이다. 이탈리아의 물리학자인 엔리코 페르미Enrico Fermi(1901~1954)는 1938년 방사능 물질 연구로 노벨상을 받았다.

1950년 여름 페르미는 미국의 한 연구소에서 물리학자들과 담소를 나누면서 우주에 사람처럼 생각할 줄 아는 생물체가 존재할지 모른다는 주장에 대해 아마도 그런 생물체는 지구를 식민지로 만들려 했을 것이라고 거들면서, "정말로 그런 일이 모두 벌어졌다면, 지금쯤 그들은 벌써 이곳에 도착했겠지. 그래서 그들은 어디에 있는가?"라고 되물었다. 요컨대 페르미는 외계의 지능을 가진 존재가 지구를 방문하여 식민지로 만든 증거가 없으므로 우주 속에 우리가 홀로 존재한다는 논리를 펼친 셈이다.

크릭은 서문에서 "대부분의 사람들은 페르미의 논증을 당연시할 것"이라고 전제하면서도 "이 책의 내용은 대부분 페르미 논증의 각 단계를 자세히 따져 보는 것"이라고 집필 동기를 밝혔다. 이를테면 크릭은 외계의 지능을 가진 생명체, 이른바 ETIextraterrestrial intelligence의 존재를 확신하고 이 책을 쓴 것이다.

ETI를 과학적인 방법으로 찾기 시작한 것은 1960년대부터이다. 전파천문학radio astronomy이 출현한 것이다. 전적으로 전파에 의존하는 천문학이다. 멀리 떨어진 세계와 교신할 때 가장 효과적인 수단이 전파이므로 만일 ETI가 존재한다면 그들도 틀림없이 전파를 사용하여 다른 문명세계와 접촉을 시도할 것이라고 믿었기 때문이다.

전파를 이용하여 외계생명체를 탐사하는 이른바 세티SETI, Search for ETI를 처음 시도한 천문학자는 미국의 프랭크 드레이크Frank Drake(1930~)이다. 1960년 봄, 당시 30세의 드레이크는 우주공간에서 가장 보편적인 전파의 주파수로 태양과 비슷한 두 개의 별을 관측했다. 드레이크는 독일의 동화인《오즈의 마법사The Wizard of Oz》에 나오는 여왕의 이름을 따서 오즈마Ozma 계획이라고 명명했다. 그러나 별나라의 오즈마 여왕은 아무런 회신도 하지 않았다.

2010년 봄, 드레이크는 50년 전 우주에서 오는 전파의 포착을 시도했던 장소를 방문했다. 그곳에는 거대한 접시안테나가 설치되어 있다. SETI 50주년을 기념하는 자리에서 드레이크는 격세지감을 토로했다. 1960년 외계인 관측 작업에 2개월이 소요된 반면에 2010년 동일한 실험을 하는 데 1시간밖에 걸리지 않았기 때문이다. 50년간 컴퓨터의 정보처리 성능이 비약적으로 발전한 덕분이다. 드레이크는 이런 추세로 컴퓨터 성능이 향상된다면 20~30년 이내에 외계인이 보내는 전파를 탐지하게 될 것이라고 전망했다.

드레이크에 따르면 우리가 사는 은하에는 약 2천억 개의 별이 있고 다른 별과 교신할 만큼 지능을 가진 생물체가 사는 문명세계는 1만 개에 이른다. 하지만 SETI 과학자들은 거대한 안테나 앞에 앉아서 외계인의 메시지를 하염없이 기다리고 있을 따름이다. 외계인의 '오랜 무소식Great Silence'의 시간이 길어지는 만큼 외계 문명의 존재는 더욱 가능성이 없는 것처럼 여겨지고 있다. 이런 상황에서 SETI 지지자들은 외계인들의 전갈을 무작정 기다릴 것이 아니라 우리 쪽에서 적극적으로 신호를 보내야 한다고 주장한다.

한편 2010년 봄 영국의 천문학자인 스티븐 호킹Stephen Hawking(1942~)은 "외계에 무엇이 있는지 모르면서 메시지를 보내는 것은 위험하다"고 주장하고 "외계인이 지구를 방문한다면 콜럼버스가 신대륙을 상륙한 뒤 인디언이 피해를 입었던 것처럼 인류도 비슷한 처지가 될 것"이라고 말했다.

드레이크나 호킹의 예측이 적중하게 된다면 "우리는 가까운 별의 행성에 사는 더 고등한 존재들로부터 은밀히 감시를 받는 처지일지도 모른다"는 크릭의 상상력이 아주 먼 훗날 현실화되지 말란 법이 없을 것 같다.

3

1903년 노벨 화학상을 수상한 스웨덴의 스반테 아레니우스 Svante Arrhenius(1859~1927)는 같은 해에 생명의 기원에 관해 독특한 이론을 발표했다. 그는 생명이 애초부터 지구에서 생겨난 것이 아니라 태양계의 다른 행성으로부터 지구로 날아온 미생물이 생명의 씨앗 역할을 했다고 주장하였다. 아레니우스는 '두루 존재하는 씨앗들'이라는 뜻에서 자신의 발상을 판스퍼미아Panspermia이론, 곧 씨앗 범재설汎在說 또는 범종설이라 불렀다.

판스퍼미아 이론은 러시아의 생화학자인 알렉산더 오파린 Alexander Oparin(1894~1980)으로부터 공격을 받는다. 1923년에 발간된 저서에서 오파린은 화학반응에 의해 원시지구에서 단순한 물질로부터 최초의 세포가 자발적으로 형성되었다고 주장했다.

1953년 오파린의 가설을 뒷받침하는 실험이 처음으로 시도

되었다. 시카고 대학의 스탠리 밀러Stanley Miller(1930~2007)와 해럴드 유리Harold Urey(1893~1981)는 생명의 기원에 관한 연구에 결정적 영향을 미친 이른바 밀러-유리 실험에 성공했다. 유리는 1934년 노벨상을 받은 화학자였지만 그의 제자인 밀러는 23세의 대학생이었다.

밀러는 실험실에서 원시지구의 자연 상태를 흉내 냈다. 플라스크 안에 원시대기의 주성분인 메탄, 암모니아, 수증기 몇 리터와 원시대양인 약간의 물을 넣은 다음에 화산폭발이나 번개를 인공적으로 모방한 셈인 전기방전을 일으켰다. 그리고 일주일 뒤에 플라스크 안에서 본래 집어넣었던 것들보다 훨씬 복잡한 분자를 가진 엷은 갈색의 국물(수프soup)을 발견했다. 그 국물 속에는 놀랍게도 아미노산을 비롯한 여러 종류의 유기물질이 들어 있었다. 말하자면 생명이 원시국물의 간단한 화학반응으로부터 출현하였음을 보여준 것이다.

밀러-유리 실험이 무기물로부터 처음으로 생명을 합성해냄에 따라 과학자들은 골치를 썩인 최대의 수수께끼였던 생명의 기원이 한 번의 간단한 실험으로 사실상 해결된 것으로 여기게 되었다.

생명의 기원에서 논란의 대상이 되는 또 하나의 문제는 생명이 생겨난 장소이다. 생명의 요람이 지구가 아니라 우주라는 지구외 기원설도 명성이 높은 여러 과학자들에 의해 제기되었다. 1973년 크릭이 레슬리 오겔과 함께 제안한 정향 범종설은 그중 하나일 따름이다.

1981년 정향 범종설을 체계적으로 설명하기 위해 집필된 이 책에서 크릭은 "우리 지구보다 생명의 발생에 더 적합한 장소가 우주에 있을 가능성도 없지 않다"고 전제하고, 우리 은하에는 1천억 개의 별이 있으며 "생명이 시작되기를 기다리는 묽은 유기물 국물과 같은 바다를 간직한 행성이 우리 은하에 1백만 개쯤 있다"고 주장하였다.

정향 범종설에 따르면, 약 40억 년 전에 어느 먼 행성에서 고등 생물체가 진화했다. 그 생물체는 우리보다 훨씬 더 높은 수준으로 과학기술을 발달시킨다. 그들은 먼 훗날 자신들의 문명이 멸망할 운명임을 예감하고 그들의 행성에 있는 생물체를 이웃 행성으로 보낼 계획을 세운다. 외계의 식민주의자들이 머나먼 장소에서 생명을 개시할 도구로 선택한 생물은 지구의 세균과 비슷한 모종의 미생물이다. 이 미생물들은 무인 우주선에 실려 지구로 여행을 떠난다. 무인 우주선의 미생물들은 지구의 원시 바다에 떨어져 증식을 하게 되고, 비로소 지구에서도 생명이 시작된다.

정향 범종설은 현대과학으로는 수용하기 어려운 대목이 한두 가지가 아니지만 크릭은 "정향 범종설은 결코 터무니없는 생각이 아니다"고 강조하면서 "정향 범종설이 진정한 과학이냐, 상상력이 부족한 과학 소설적 발상에 지나지 않느냐의 문제"를 이 책의 13장에서 논의한다.

생명의 본질을 밝혀내 노벨상을 수상한 과학자가 생명의 기원에 관해 작심하고 제안한 이론인 정향 범종설을 한낱 소설 같은 허무맹랑한 이야기로 치부할 것인지, 아니면 외계문명 탐사의 먼 미래를 내다본 선견지명으로 여길 것인지 그 판단은 아무래도 독자 여러분의 몫이 되어야 할 줄로 안다.

그래서 그들은 어디에 있는가

이탈리아 물리학자 엔리코 페르미Enrico Fermi는 탁월한 재능의 소유자였다. 그의 아내 라우라 페르미Laura Fermi는 그가 천재라고 믿었고, 많은 과학자가 그녀의 의견에 동의했다. 페르미는 유례없는 훌륭한 이론 물리학자이자 실험가였다. 제2차 세계대전 중 시카고에서 운동장 지하의 버려진 스쿼시 코트에 최초의 원자로를 설계하고 건설하는 일을 지휘했던 사람이 바로 페르미와 그의 친구인 헝가리 출신 물리학자 레오 실라르드Leo Szilard였다. 인류는 그런 의외의 환경에서 역사상 처음으로 위험하지만 위대한 핵분열의 힘을 끌어냈던 것이다.

대부분의 훌륭한 과학자가 그렇듯이 페르미는 자신의 전공 분야를 넘어서는 다양한 관심사를 가지고 있었다. 그는 유명한 질문을 했던 사람으로도 알려져 있는데, 그 질문에는 장황한

서론이 딸려 있다. 마치 용두사미로 끝나는 시시한 농담 같은데 대강 이런 내용이다.

우주는 방대하다. 그 속에는 별이 무수히 많고, 그중에는 우리 태양과 비슷한 별도 많다. 우리 은하에는 별이 10^{11}개쯤$^\bullet$ 있고, 우주에는 은하가 적어도 10^{10}개는 있으며 아마도 그 이상일 것이다. 별들 중에는 자기 주변을 도는 행성을 거느린 별도 많을 것이다. 그 행성들 중에서 상당수는 표면에 액체 물이 있을 것이다. 그리고 탄소, 질소, 산소, 수소의 단순 결합으로 이루어진 화합물들의 혼합인 기체 대기도 있을 것이다. 별에서 행성 표면으로 쏟아지는 에너지(우리의 경우에는 햇빛) 덕분에 작은 유기 화합물이 무수히 합성될 것이고, 그리하여 바다는 얕고 따뜻한 수프 같은 형태로 바뀔 것이다. 결국 이 화학물질들이 서로 관계를 형성하고 정교하게 상호작용함으로써 하나의 자기 재생산적 계를 이룰 것이다. 이것이 원시적인 형태의 생명이다.

단순한 생물체들은 증식할 것이고, 자연선택natural selection에 의해 진화할 것이며, 갈수록 더 복잡한 구조를 갖출 것이다. 결국엔 생각을 할 줄 아는 지능적인 생물체가 등장할 것이다. 문명, 과학, 기술의 발전이 자연스레 뒤따를 것이고, 오래지 않

• 나는 이 책에서 별다른 설명 없이 이 표기법을 사용했다. 10^{11}은 1 뒤에 0이 11개 이어진 수를 뜻한다. 즉 1,000억이다. 1,000은 10^3이고, 100만은 10^6이고, 10억은 10^9인 방식이다.

아 그들은 자기 행성의 모든 환경을 장악할 것이다. 새로운 세상을 정복하려는 열망에 휩싸인 그들은 바람직한 환경이 갖추어진 곳을 식민화하기 위해서 이웃 행성으로 여행하는 방법을 알아낼 것이다. 그다음에는 가까운 별로 여행하는 방법도 알아낼 것이다. 결국 그들은 온 은하로 퍼지면서 발길이 닿는 곳마다 탐사할 것이다. 대단히 영리하고 재주 좋은 이 생물체들이 우리 지구처럼 아름다운 곳을 간과할 리 없다. 지구는 물과 유기 화합물이 풍요롭게 공급되고 온도가 알맞는 등 여러 이점을 지닌 곳이기 때문이다.

이 시점에서 페르미는 압도적인 질문을 던진다. "정말로 그런 일이 모두 벌어졌다면, 지금쯤 그들은 벌써 이곳에 도착했겠지. 그래서 그들은 어디에 있는가?" 페르미의 수사적 질문에 완벽한 답을 내놓은 사람은 뛰어난 유머 감각을 지닌 개구쟁이 레오 실라르드였다. "그들은 우리 속에 섞여 있네. 하지만 스스로를 헝가리 사람으로 칭하지."

대부분의 사람들은 페르미의 논증을 당연시할 것이다. 문제는 우리가 그 각각의 단계를 확률이라는 구체적인 숫자로 어림잡으려고 할 때 발생한다. 다른 별에도 행성이 있다는 확실한 증거는 없다. 틀림없이 그럴 것 같다는 심증만 있다(크릭이 책을 쓴 1980년대 초만 해도 이런 상황이었지만, 과학자들은 1990년대 초부터 우리 은하 내 다른 별들에서 행성을 확인하는 데 성공하여 현재는 벌써 수천 개를 알아냈다 ─옮긴이). 만일 행성이 존재한다면, 그중 소수 행성들의 환경은 단순한 유기 화합물의 수용액인 훌륭한 수프를 만들어 내기에 알맞을 것이다. 그다음 단계는 수프에서 원시적이고 자기 재생산적인 화학적 계가 형성되는 단계로, 현재 우리에게는 신비롭게만 여겨지는 단계다.

설령 그 모든 과정들이 다 벌어졌더라도, 우리는 기나긴 진화 과정 끝에 고등 문명이라는 정점이 등장할 가능성이 얼마나 되는지는 알 수 없다. 그 과정에 얼마 만큼의 시간이 걸리는지 모르고, 그런 생물체가 정말로 우주를 탐사하려 할지 아닐지도 모르며, 그들조차 이 여행에서 어느 정도의 성공을 거둘지 장담할 수 없다. 페르미의 시나리오를 구성하는 모든 사건들이 실제로 벌어진다 한들, 몇몇 단계는 대단히 드물게 발생할지도 모르고 또 몇몇 단계는 상당히 느릴지도 모른다. 그렇다면 왜 지금까지 우주에서 우리를 찾아온 방문객이 없는가 하는 질문에 답이 되는 셈이다.

일찍이 19세기 후반, 지구 생명의 기원에 대해서 좀 다른 의견을 제시한 사람이 있었다. 스웨덴의 물리학자 스반테 아레니우스는 생명이 지구에서 스스로 생겨난 것이 아니라 우주에 떠돌던 미생물이 생명의 잉태를 발아하는 씨앗으로 기능하여 생겨났다고 주장했다. 다른 곳에서 태어난 원시 포자들은 빛의 압력을 받아 부드럽게 퍼져나갔을 것이라고 했다. 그는 '두루 존재하는 씨앗들'이라는 뜻에서 이 발상을 판스퍼미아, 즉 범종설이라고 불렀다(판스퍼미아는 '모두'를 뜻하는 그리스어 'pan'과 씨앗을 뜻하는 'sperma'를 합친 말로, 배종胚種 발달설이라고도 한다 — 옮긴이). 이 발상은 현재 많은 지지를 얻지 못한다. 생육 가능한 포자가 어떻게 우주에서 그리 오랜 시간을 여행하고도 복사에 손상되지 않은 채 여기까지 도착할 수 있었는지를 알기 어렵기 때문이다.

이 책에서 나는 범종설의 한 변형 형태를 살펴보려고 한다. 레슬리 오겔과 내가 몇 년 전에 제안했던 가설은 이런 내용이다. 미생물들은 여러 외부 요인으로부터 입게 될 손상을 막고자 무인 우주선의 머리 부분에 실려 여행했을 것이다. 그 우주선은 이미 수십억 년 전 우주 다른 곳에서 발달한, 우리보다 더 고등한 문명이 지구로 보낸 것이다. 우주선이 무인인 까닭은 그래야만 이동 범위를 최대로 넓힐 수 있기 때문이다. 무인 우주선에 실려온 그 미생물들이 지구의 원시 바다에 떨어져 증식을 시작하였고, 그리하여 지구에서도 생명이 시작되었을 것이다. 오겔과 나는 이 발상을 정향 범종설이라 불렀고, 칼 세이건Carl Sagan이 편집하는 우주론 잡지 《이카루스》에 조용히 발표했다. 이 가설이 완전히 새로운 발상은 아니다. 영국의 유전학자 J. B. S. 홀데인John Burdon Sanderson Haldane(1892~1964)은 1954년에 지나가는 말처럼 비슷한 생각을 밝혔고, 이후 다른 여러 사람들도 이 발상을 고려했다. 우리만큼 상세하게 조목조목 다룬 사람은 없었지만 말이다.

정향 범종설이 진정한 과학이냐 상상력이 부족한 과학소설적 발상에 지나지 않느냐의 문제는 13장에서 논하겠다. 이 책의 내용은 대부분 페르미 논증의 각 단계를 자세히 따져보는 것이다. 나는 되도록 오늘날의 과학 지식을 벗어나지 않는 범위에서 이야기하려 한다. 그 지식이 빈약한 경우가 많긴 하지만 말이다. 나는 지구 생명의 기원 문제를 해결하려는 것이 아니다. 이 문제에 대한 해결책들의 배경이 어떤지를 간략하게 추려보려는 것이다. 그리고 생각해보라, 그 배경이란 얼마나 폭넓은가! 작은 원자와 분자에서부터 온 우주의 방대한 파노라마까지, 일초보다 무한히 더 짧은 찰나에 벌어진 사건들에서부터 시간의 역사 전체를 아우르는 기나긴 시간까지, 빅뱅에서부터 현재까지, 유기 고분자들의 정교한 상호작용에서부터 고등 문명과 기술의 무한한 복잡성까지. 다른 면에서는 절망적이기만 한 이 주제를 논하는 매력이라면, 우리가 깃들어 살고 있는 이 놀라운 우주의 다양한 측면을 모조리 알아야만 비로소 이 '지구 생명 기원'의 배경을 파악할 수 있다는 점이다.

우주의 형성과 생명의 탄생 과정

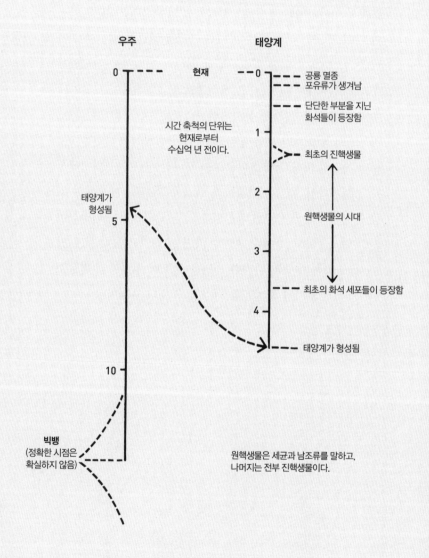

우주

태양계

0 ─ ─ ─ 현재

0 ─ ─ ─ 공룡 멸종
─ ─ ─ 포유류가 생겨남

─ ─ ─ 단단한 부분을 지닌
화석들이 등장함

시간 축척의 단위는
현재로부터
수십억 년 전이다.

1

─ ─ ─ 최초의 진핵생물

2

원핵생물의 시대

태양계가
형성됨
5

3

─ ─ ─ 최초의 화석 세포들이 등장함

4

─ ─ ─ 태양계가 형성됨

10

빅뱅
(정확한 시점은
확실하지 않음)

원핵생물은 세균과 남조류를 말하고,
나머지는 전부 진핵생물이다.

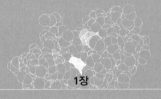

1장

시간과 거리,
큰 것과 작은 것

LIFE ITSELF

∂

광대한 우주 속 모래알보다 작은 지구

생명의 기원에 대해서 우리가 확신할 수 있는 사실은 단 하나다. 생명이 언제 어디에서 생겨났든 그 시작은 아주 오래전이었다는 점이다. 너무나 오래전이라, 우리로서는 일직선으로 그토록 멀리 뻗은 시간을 현실적으로 머리에 그릴 수 없다. 우리 개인의 경험은 고작 수십 년을 거슬러 올라가는데, 우리는 이 제한된 기간에서조차 어릴 적 세상이 정확하게 어땠는지를 기억하기 어렵다. 백 년 전에도 지구에는 사람들이 가득했다. 모두가 바쁘게 각자 할 일을 하고, 먹고 자고, 걷고 말하고, 사랑하고 돈을 벌고, 착실히 제 용무를 보면서 살았다. 하지만 극히 드문 예외를 제외하면, 그들 중에서 오늘까지 살아 있는 사람은 아무도 없다. 그 대신 전혀 다른 사람들이 오늘날 우리와 함께 지구에서 살아가고 있다. 우리는 수명이 짧기 때문에 개인의 직접적인 회상 범위가 부득이하게 제한된다.

그러나 우리는 우리의 기억이 그 한계를 넘어 좀 더 오래전으로 거슬러 올라가는 것이 가능하다고 착각하곤 하는데, 이는 인간의 문화 때문이다. 문자가 발명되기 전 세대의 경험은 이야기나 신화, 혹은 행동 지침이 되는 도덕적 계율의 형태로 구전되었다. 정도는 덜하지만 그림이나 조각도 사용되었다. 문자가 등장하자 사람들은 정보를 더 정확하고 광범위하게 전수할 수 있었고, 최근에는 사진과 영상 덕분에 가까운 과거에 대한 이미지가 더욱더 생생해졌다. 아마도 미래 세대들은 고화질의 영상을 통해서 오늘날 우리가 얻는 것보다 더 직접적으로, 더 생생하게 선조들에 대한 인상을 얻을 것이다. 우리에게 클레오파트라의 당시 사진이 없다는 것은 얼마나 안타까운 일인지 모른다. 사진만 있었어도 그녀의 정확한 코 길이는 물론이고 그녀만의 매력도 더 구체적으로 알 수 있었을 텐데 말이다.

우리는 조금만 애를 쓰면 플라톤Plato과 아리스토텔레스Aristotle의 시대를 상상할 수 있다. 그보다 더 거슬러 올라가 호메로스Homer가 읊은 청동기 시대의 영웅들도 떠올려볼 수 있다. 이집트, 중동, 중앙아메리카, 중국에 존재했던 고도로 조직된 문명들에 대해 어느 정도는 알 수 있고, 그보다 더 원시적이었던 산발적 정주지들에 대해서도 조금은 알 수 있다. 그러나 문명의 시초부터 현재까지 역사의 발자취를 꾸준히 따르며 당시를 구체적으로 상상해보는 일은 쉽지 않다. 느릿느릿한 시간의 경과를 우리가 실감 나게 경험할 수는 없다는 말이다. 인간의 마음은 수백 년이나 수천 년을 편하게 다루도록 만들어지지 않았다.

우리가 생명의 기원을 이야기할 때 다루어야 할 시간 규모에 비하면, 인류의 역사 따위는 눈 깜박할 순간에 지나지 않는다. 그토록 광활한 시간 규모에 우리가 쉽게 적응할 방법은 없다. 지나간 시간의 광활함은 우리의 이해를 뛰어넘는다. 눈이 먼 사람이 촉감과 소리로 주변 환경의 그림을 힘들여 완성하는 것처럼, 우리는 간접적이고 불완전한 묘사를 통해서 시간에 대한 인상만을 구축할 뿐이다.

우리가 좀 더 쉽게 생각하도록 돕는 방법으로 흔히 우주 나이를 지구의 하루에 비유하고는 하는데, 그보다는 지구 나이를 일주일에 빗대는 편이 더 이해하기 쉬울 것이다. 이런 규모에서는 빅뱅 이후 우주의 나이가 2주나 3주쯤 된다. 육안으로 보이는 화석 중에서 제일 오래된 것은 캄브리아기 초기에 등장한 것으로, 단 하루를 산 셈이 된다. 현대 인류는 마지막 10초에 등장했고, 농업은 마지막 1초나 2초에 등장했다. 오디세우스Odysseus는 지금으로부터 불과 0.5초 전에 살았던 셈이다.

그보다 더 긴 시간은 이런 비유로도 헤아리기 어렵다. 그렇다면 다른 대안은 시간을 직선으로 지도화한 뒤에 그 위에 사건들을 나열하는 것이다. 이때 우리 자신의 경험이 어느 정도의 크기가 될 만큼 선을 충분히 길게 긋되, 한편으로 재현과 확인이 편하도록 적당히 짧게 잡는 것도 중요하다. 여러분이 참고하도록 이 장 첫머리에 도표를 하나 실었다. 그런데 이보다 더 좋은 방법은 시간을 인쇄된 활자들과 비교하는 것이다. 이 책 전체가 캄브리아기 시작에서부터 현재까지의 시간에 해당한다고 하자. 대략 6억만 년이다. 그러면 한 페이지는 약 300만 년을 뜻하고, 한 줄은 약 9만 년, 한 글자나 빈칸은 약 1,500만 년이다. 이때 지구의 기원은 책 7권쯤 더 앞선 시점이었을 테고, 우주의 기원(정확한 연대는 대략적으로만 측정된다)은 그보다도 10권쯤 더 앞섰을 것이다. 기록된 인류 역사는 이 책의 마지막 두세 글자 안에 다 포함된다.

여러분이 이 책을 한 장 한 장 넘기면서 한 번에 한 글자(글자 하나가 1,500만 년)씩 천천히 읽는다면, 우리가 다루어야 할 시간이 얼마나 광활한지 조금은 짐작할 수 있을 것이다. 이런 규모에서 우리의 전 생애는 쉼표 하나의 폭만도 못하다.

생명이 정말로 지구에서 시작되었다면, 우리는 나머지 우주를 고려할 필요가 없다. 하지만 생명이 다른 곳에서 시작되었다면, 우리는 우주의 방대한 거리를 정면으로 마주해야 한다. 우주의 나이를 생생하고 정확하게 이해하는 것이 어려운 일이었다면, 우주의 크기를 파악하는 것은 인간의 이해를 거의 넘어서는 일이다. 이렇게 저렇게 표현하려 애를 써 보아도 결론은 마찬가지다. 가장 큰 장애물은 우주의 극단적인 공허함이다. 별과 별 사이의 공간에는 극소수의 원자만이 존재할뿐더러 별과 별

사이의 거리 자체도 어마어마하다. 우리가 주변에서 보는 세상은 다양한 물체들로 북적거린다. 우리는 눈으로 보는 크기와 시각적 상호 관계가 제공하는 다양한 단서에 의지하여 사물들 간의 거리를 직관적으로 어림잡아 계산한다. 그렇기 때문에 텅 비고 깨끗한 새파란 하늘에 뜬 낯선 물체의 거리를 가늠하는 것은 훨씬 더 어렵다. 우주여행의 시대 이전이기는 했지만, 언젠가 캐나다의 한 라디오 기자는 누군가의 질문에 답해야 하는 상황에서 마지못해 자신은 한때 달이 '풍선만 하다'고 생각했음을 고백했다.

천문학자 로버트 재스트로Robert Jastrow와 맬컴 톰프슨Malcolm Thompson은 다음과 같은 비유를 들어 우주 속 물체들의 크기와 거리를 가늠해보았다.

태양이 오렌지만 하다고 하자. 그렇다면 지구는 태양으로부터 9미터 거리에서 궤도를 도는 모래알이다. 지구보다 11배 더 큰 목성은 태양으로부터 60미터 거리에서, 즉 도시의 한 블록 거리만큼 떨어져서 공전하는 체리 씨다. 은하는 오렌지 1,000억 개로 이루어져 있는데, 한 오렌지와 이웃 오렌지의 평균 거리는 1,600킬로미터다.●

● 재스트로와 톰프슨의 책에 대한 정보는 다음을 참조. Robert Jastrow · Malcolm Thompson, *Astronomy: Fundamentals and Frontiers*. New York: John Wiley and Sons, Inc., Second Edition, 1972.

이런 비유의 단점은 우리가 텅 빈 공간에서 거리를 잘 헤아리지 못한다는 점이다. 한편 도시 블록과의 비교는 오해의 소지가 있다. 우리는 그 속에 건물들이 빼곡하게 들어선 광경을 금방 떠올릴 수 있기 때문에, 우주 공간의 공허한 느낌을 쉽게 지우는 것이다. 상공 1킬로미터에 떠 있는 오렌지를 상상해보라. 그 거리가 모호하게 느껴질 것이다. 하물며 1,000킬로미터 떨어진 '오렌지'라니, 빛이라도 내지 않는 한 너무나 작아서 우리 눈에는 띄지도 않을 것이다.

또 다른 방법은 거리를 시간으로 변환하는 것이다. 우리가 오늘날의 어떤 우주선보다 빠르게 비행하는 우주선에 탔다고 하자. 우주선의 속력은 광속의 100분의 1이라고 가정하자. 대략 초속 3,000킬로미터다. 초음속의 콩코드 비행기가 뉴욕에서 유럽까지 가는 데 약 세 시간이 걸린다면, 우주선은 그 거리를 약 3초만에 주파할 수 있다. 우리 일상의 기준으로는 분명히 빠른 셈이다. 그 우주선으로 달까지 가는 데는 2분이 걸리고, 태양까지 가는 데는 15시간이 걸린다. 태양계의 한쪽 끝에서 반대쪽 끝까지 가로지르는 길이가 해왕성 궤도의 지름과 같다고 가정한다면, 이 여정에는 3주 반의 시간이 필요하다. 여기에서의 요점은 이 여행이 모스크바에서 블라디보스토크까지 기차로 왕복하는 것보다 약간 더 긴 여정이기는 하지만 장거리의 기차 여행과는 전혀 다르다는 것이다. 너무 긴 기차 여행은 차창 밖으로 끊임없이 풍경이 흘러가더라도 상당히 단조로울 것이다. 하물며 우리가 태양계를 가로지를 때는 우주선 창문 너머로 거의 아무것도 보이지 않을 것이다. 하루하루가 지날수록 아주 서서히 태양의 크기와 위치만 변할 텐데, 우리가 태양에서 멀어질수록 태양의 겉보기 지름은 작아질 것이고, 해왕성 궤도에 도달했을 때는 태양이 '핀 끝보다 약간 더 크게' 보일 것이다. 이에 비해, 지구에서 본 태양은 대충 1달러 동전만 하다. 우리가 엄청나게 빠른 속도로 여행을 하고 있음에도 (이 속도로는 지구의 한 장소에서 다른 어떤 장소로든 7초 내에 주파할 수 있다) 이 여행은 극단적으로 지루할 것이다. 우리는 우주가 거의 완벽하게 텅 비어 있다는 인상을 받을 것이고, 그때 행성은 광활한 황무지에 이따금 등장하는 먼지 한 점에 지나지 않는다.

태양계만 생각하더라도 광대한 삼차원 공간이 텅텅 비었다는 느낌은 충분히 끔찍하다. (박물관에 있는 태양계 축척 모형들은 거의 모두 오해의 소지가 크다. 태양과 행성들이 그것들 사이의 거리에 비해 터무니없이 크게 만들어진 것이 태반이다.) 그런데 우리가 그보다 더 멀리 나아가면, 공간의 광대함은 더 강하게 느껴지기 시작한다. 지구에서 가장 가까운 다른 별(사실은 서로 제법 가까이 있는 세 개의 별)로 가려면 우리 우주선으로는 430년이 걸린다. 모르긴 해도 도중에 이렇다 할 물체는 전혀 만나지 못할 것이다. 백 년의 수명을 다 바쳐서 고속으로 여행하더라도 계획한 여정의 4분의 1도 채 가지 못한다. 우리는 줄곧 텅 빈 곳에서 텅 빈 곳으로 이동할 것이고, 소수의 기체 분자들과 간혹 등장하는 작은 먼지들만이 우리가 같은 장소에 머물러 있지 않음을 말해줄 것이다. 가까이 있는 소수의 별들이 아주 서서히 약간씩 위치를 바꿀 테고, 태양은 알아차릴 수 없을 만큼 조금씩 희미해지다가 결국 사방에서 보이는 빛나는 별들의 파노라마에 섞인 평범한 하나의 별로 작아질 것이다. 제일 가까운 별로 가는 이 여행이 우리에게는 대단히 길지만, 천문학적 기준으로는 아주 짧다. 우리 은하를 끝에서 끝까지 가로지르려면 족히 1,000만 년이 걸린다. 이는 우리의 상상을 뛰어넘는 거리라서, 우리는 그저 추상적으로만 파악할 수 있다. 그런데 우주적 규모에서는 한 은하를 가로지르는 거리는 거리라고도 할 수 없다. 지구에서 제일 가까운 은하인 안드로메다까지 가는 데는 시간이 20배나 더 걸리므로 까마득하게 멀다고는 할 수 없지만, 만약에 우리가 대형 망원경으로 관찰 가능한 우리 우주의 한계까지 도달하려면 그보다 천 배는 더 멀리 가야 한다.

나는 공간의 방대함과 공허함이라는 이 엄청난 발견이 시인들과 종교인들의 상상력을 끌지 못했다는 사실이 놀라울 따름이다. 사람들은 신의 무한한 힘(내가 보기에는 잘 봐주어야 기껏 의심스러운 명제에 불과한데)을 즐겨 묵상하면서도, 우리가 스스로 택한 것은 아니지만 어쨌든 이렇게 깃들어 살게 된 우주의 어마어마한 크기에 대해 창의적으로 따져볼 마음이 없는 것 같다. 순진한 생각인지는 모르겠지만, 시인들도 사제들도 마땅히 이 과학적 계시에 놀라면서 우리 문화의 근간에 이 사실을 융합하려고 열심히 노력해야 하지 않을까? "당신의 하늘을 우러러 바라봅니다. 당신이 빚어낸 작품들을, 당신께서 굳건히 세우신 달과 별들을 말입니다. 인간이 무엇이기에 이토록 기억해주십니까?"라고 읊었던 한 시인은 맨눈에 보이는 우주에 대한 경탄과 그에 대비되는 인간의 사소함을 적어도 자기 신념의 한계 내에서나마 표현하려고 애썼다. 그러나 그의 우주는 현대 과학이 우리에게 알려준 우주에 비하면 참으로 작고 아담했다. 어쩌면 사람들은 이미 지구와 그 표면을 얇은 필름처럼 감싼 생물권이 이렇게나 철저히 무의미하다는 사실에 직면해 상상력이 마비되었을지도 모른다. 그 사실을 인지하는 것이 너무나 두려운 나머지 무시가 최선이라고 느꼈을지도 모른다.

대단히 먼 거리를 측정하는 방법에 관해서는 이 자리에서 설명하지 않겠다. 요즘은 태양계의 역학과 레이더 탐색을 결합함으로써 태양계 속 물체들의 거리를 정확하게 측정할 수 있다. 가까운 별들의 거리는 지구가 태양을 공전하면서 연중 서로 다른 위치에 있을 때 별들의 상대 위치가 살짝 달라진다는 점을 이용하여 정확하게 잴 수 있다. 그보다 먼 천체들에 대한 방법은 더 복잡하지만 덜 정확하다. 하지만 천문학자들이 그런 거리를 충분히 잴 수 있다는 것만큼은 추호의 의심도 없는 사실이다.

지금까지 우리는 아주 큰 규모에 대해서만 생각했다. 아주 짧은 거리와 시간으로 시선을 돌리면, 다행히 사정이 그렇게 나쁘지 않다. 우리는 원자(원자 속에 있는 더 작은 핵과 그 내용물은 무시한다)의 크기가 일상의 물체와 비교해서 얼마나 되는지 알아야 하는데, 이것은 비교적 간단한 두 단계를 통해서 쉽게 알 수 있다. 우선 밀리미터에서 시작하자. 이 거리는 맨눈으로 볼 수 있다. 1밀리미터의 1,000분의 1을 미크론micron이라고 한다. 세균의 세포가 2미크론가량이다. 가시광선의 파장(광학현미경의 해상도를 제한하는 조건)은 0.5미크론가량이다.

여기에서 또 1,000분의 1을 하면 나노미터 단위로 내려간다. 유기 화합물 속에서 서로 단단히 붙들린 이웃 원자들의 거리가 보통 10분의 1 나노미터에서 5분의 1 나노미터다. 아주 좋은 조건이라면 전자현미경을 사용하고 표본을 적절하게 준비함으로써 1나노미터나 그보다 좀 더 짧은 거리까지 눈으로 볼 수 있다. 그리고 작은 원자 집단에서 가령 벼룩까지 커지는 과정의 각 단계마다 그 크기에 해당하는 자연물의 그림을 얻을 수 있으므로, 조금만 연습한다면 한 규모에서 다음 규모로 이어지는 과정을 직접 느껴볼 수 있을 것이다. 공허한 우주 공간과는 달리, 생물계는 어느 차원이든 미세한 것들로 가득 차 있다. 하지만 우리가 한 규모에서 다음 규모로 쉽게 넘어갈 수 있다고 해서 특정 부피 속에는 헤아릴 수 없을 만큼 수많은 물체가 들어 있다는 사실까지 잊으면 안 된다. 일례로 물방울 하나에 담긴 물 분자는 아마도 10해 개가 넘을 것이다.

우리가 다룰 시간이 피코초picosecond보다 더 짧은 경우는 거의 없을 것이다. 피코초는 1조분의 1초를 의미한다. 단 핵반응이나 아원자 입자subatomic particle 연구에서는 그보다 훨씬 더 짧은 시간이 등장하기도 한다. 피코초라는 이 짧은 시간은 분자의 진동 주기와 대충 비슷한데, 이것은 어찌 보면 그렇게 이상한 일이 아니다. 음속을 생각해보자. 공기 중에서는 음속이 비교적 느린 편이라 보통의 제트 비행기보다 약간 더 빠른 초속 300미터쯤이다. 만일 1.5킬로미터 밖에서 벼락이 번쩍거리면, 그 천둥소리가 우리에게 도달하기까지는 족히 5초가 걸린다. 여담이지만, 이 속도는 기체 분자들이 서로 충돌하지 않고 자유롭게 움직일 때의 평균속도와 거의 비슷하다. 소리가 고체 속을 움직일 때는 보통 이보다 좀 더 빠르다.

그렇다면 음파가 작은 분자 하나를 가로지르는 데는 시간이 얼마나 걸릴까? 간단한 계산으로 이것이 피코초 범위임을 알 수 있는데, 어쩌면 충분히 예측할 만한 결과일지도 모른다. 분자 속 원자들이 서로 부딪치며 떨리는 진동 주기도 피코초 범위이기 때문이다. 여기에서 중요한 점은 이 시간 규모가 화학 반응의 바탕에 깔린 맥동脈動 속도와 거의 같다는 점이다. 촉매로 기능하는 유기 물질인 효소enzyme의 반응 속도는 초당 1,000회 이상이다. 우리에게는 빠르게 느껴질지 몰라도, 사실 이 속도는 원자의 진동 주기에 비하면 비교적 느리다.

안타깝게도 1초에서 1피코초 사이의 시간 규모를 쉽게 전달할 방법은 없다. 물리화학자라면 비교적 넓은 이 시간 범위를 두루 편하게 느끼겠지만 말이다. 다행히 우리는 매우 짧은 이 시간들을 직접 다룰 일이 없다. 물론 그 효과를 간접적으로 보기는 할 것이다. 대부분의 화학반응은 사실 대단히 드문 사건이다. 분자들은 바쁘게 움직이며 서로 부딪치기를 여러 번 반복한 뒤에야 비로소 서로의 방어벽을 뛰어넘어 화학반응을 일으킬 수 있을 만큼 충분히 세게, 그리고 정확한 방향으로 충돌한다. 이런 충돌은 상당히 드문 사건이다. 그런데도 화학반응이 제법 매끄럽게 진행되는 것처럼 보이는 이유는 작은 부피 속에도 무수히 많은 분자가 동시에 활동하기 때문이다. 각각의 반응이 진행될 가능성은 들쑥날쑥하지만, 분자들의 수가 막대하기 때문에 전체적으로 그 편차가 평탄해지는 것이다.

자그마한 원자의 크기와 상상할 수 없을 만큼 방대한 우주의 크기, 화학반응의 맥동 속도와 빅뱅 이후 지금까지 흐른 적막하고 광대한 시간 등 크고 작은 다양한 규모들을 한 발 물러서서 다시 훑어보자. 일상의 경험에 바탕을 둔 우리의 직관은 모든 경우에서 우리를 잘못된 방향으로 이끌기 쉽다. 큰 수 자체는 우리에게 아무 의미가 없다. 이 장애물은 인간에게 너무나 자연스러운 것이며, 우리가 이것을 극복하는 방법은 하나뿐이다. 근사값만을 얻게 될지라도 계산하고 또 계산하는 것이다. 첫인상을 확인하고 또 확인하는 것처럼 말이다. 오랫동안 끊임없이 반복하다보면 마침내 진정한 세계, 즉 엄청나게 작은 것과 엄청나게 큰 것으로 이루어진 세계가 우리에게 요람이나 다름없는 속세의 평범한 경험처럼 친근하게 느껴질 것이다.

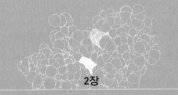

2장

우주의 행렬

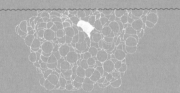

LIFE ITSELF

~

빅뱅과 초신성이 창조한 우주의 질서

우리와 관련된 모든 규모의 크기, 시간, 공간에 익숙해졌으니 이제 우주의 기원에 대해 우리가 아는 내용, 즉 은하와 별의 형성 그리고 우리 태양계 행성들의 형성에 관해 이야기해보자. 지구에서든 우주 다른 장소에서든 생명이 시작될 수 있는 조건이 무엇이었는지를 개략적으로 따져보자.

생명의 기원이 너무나 오래전 사건이라 접근하기 어려운 문제라면, 그보다 한참 더 전에 벌어졌던 우주의 기원은 더욱더 접근하기 어려운 문제가 아닐까? 그러나 꼭 그렇지만은 않다. 생명계의 시작에 필요했던 상호작용은 몹시 불균질한 환경에서 벌어질 수 있는 다른 수많은 상호작용 중에서 단 하나의 작고 정교한 하위 집합이었다. 그에 비해 빅뱅 초기 단계에서는 만물이 긴밀하게 모두 뒤섞여 있었기 때문에 그 상호작용 과정을 지배했던 반응들이 우주 기원의 전반적인 뼈대였다고 설명해도 좋다. 우리는 그 반응들을 파악하는 것이 한결 수월해진다.

우주의 기원에 관한 최근의 거의 모든 논의는 빅뱅 이론을 기반으로 한다. 빅뱅 이론에 따르면, 우리가 상상할 수 있는 최초 단계에서 우주의 물질 전체는 비교적 작은 부피만을 차지하며 엄청나게 높은 온도를 띠었다. 이 태고의 불덩어리는 매우 빠르게 팽창하면서 식었다. 스티븐 와인버그 Steven Weinberg 가 일반 독자를 위해 쓴 훌륭한 책《최초의 3분 The First Three Minutes》을 보면, 이 최초의 3분 동안 벌어졌던 반응들이 간략하게 설명되어 있다.

이런 그림은 물질과 기본 복사 입자들에 관한 오늘날의 지식을 토대로 구축되었다. 그중에는 몇 안 되는 실험적 근거도 있는데, 온 우주에 침투해 있는 우주 배경 복사(창조가 남긴 희미한 속삭임으로, 우리가 전파망원경으로만 간신히 들을 수 있는 소리)가 그 예다. 이런 지식들을 상상력 넘치게 종합한 결과도 완벽하게 짜임새 있지는 않다. 와인버그도 가끔 이 이론이 비현실적으로 느껴질 때가 있다고 고백했다. 이론을 뒷받침하는 또 다른 중요한 관측 결과들을 꼽자면, 그 유명한 적색이동 red shift 으로 알 수 있듯이 우주가 팽창한다는 점, 현재 우주에는 물질 입자인 바리온 baryon 에 비해 전자기 복사 입자인 광자 photon 가 10^9(10억) 대 1로 압도적으로 더 많다는 점, 무거운 원소들이 상대적으로 더

귀하다는 점 등이다.

오늘날의 우주에서도 수소와 헬륨이라는 제일 가벼운 두 원소가 전체 원자의 99퍼센트를 차지하며, 둘 중에서는 수소가 더 많다. 이런 사실들을 모두 고려할 때, 이론 물리학자들은 최초의 100분의 1초가 지난 뒤 그 불덩어리는 복사와 물질이 복잡하게 섞인 상태로서 엄청난 고온(약 10^{11}도)에서 대단히 빠르고 강하게 상호작용하며 팽창했을 것이라고 추측한다. 그 온도는 원자가 존재하기에는 너무 높았고, 복잡한 핵(원자 중심에 있는 밀도 높은 덩어리)이 단단히 뭉쳐 있기에도 너무 뜨거웠다. 불덩어리는 팽창하면서 식는 과정에서 일련의 단계들을 신속하게 거쳤는데, 단계마다 바로 앞 단계에 비해 온도가 낮았기 때문에 어떤 과정들은 덜 발생하고 어떤 과정들은 더 자주 발생하는 상태가 되었다. 약 3분이 지나자 온도는 10^9도까지 낮아졌다. 이제 삼중수소나 헬륨의 핵처럼 가벼운 몇몇 핵들은 쪼개지지 않고 뭉쳐 있을 수 있었다. 30분쯤 더 지나자 온도는 태양 내부보다 고작 20배 더 뜨거운 정도인 3×10^8도(3억도)로 더 떨어졌고 새로운 핵들의 합성은 멈추었다. 이후 우주는 100만 년쯤 더 팽창하며 식었고, 핵들은 전자를 붙잡아 안정된 원자를 이루었다. 물질이 응집하기 시작했고, 마침내 은하와 별이 만들어졌다.

이 엄청난 우주적 폭발 때문에 우주는 이후 끊임없이 팽창했다. 우주는 앞으로도 영원히 팽창할까? 아니면 팽창 속도가 느려져서 결국 붕괴할까? 이 문제는 우주의 정확한 질량에 달려 있다. 우리가 돌을 공중으로 높이 던질 때, 그 속도가 지구를 탈출할 수 있을 만큼 빠르지 않고서는 도로 땅으로 떨어질 것이다. 마찬가지로, 우주의 질량이 워낙 커서 결국 중력에 의해 팽창이 멈추고 수축하는 경우가 아니라면 우주는 영원히 팽창할 것이다. 반면에 정말로 질량이 큰 경우라면, 아주 먼 미래에 우주는 파국을 맞이할 것이다. 여태까지 천문학자들은 우주의 밀도가 너무 낮기 때문에 그런 일은 없을 것이라고 추측했다. 우주의 임계밀도critical density는 우주 공간 1리터당 수소 원자가 약 3개씩 담겨 있는 수준이다. 하지만 요즘의 과학자들은 온 우주에 침투한 중성미자neutrino라는 작은 입자들이 기존의 짐작과는 달리 빛처럼 무게가 없는 것이 아니라 미세하지만 유한한 질량을 지닐지도 모른다고 추측한다. 정말로 그렇다면, 충분히 많은 중성미자가 우주의 영원한 팽창을 막을지도 모른다.

우리가 제한된 시야에서 끌어낼 수 있는 중요한 결론은 우주가 초기에 엄청난 고밀도와 고온의 상태였음에도 불구하고 원소들 중에서 가장 가벼운 종류들만이 측정 가능한 양으로 형성되었다는 점이다. 그러니 생명에 필수적인 여러 원소들은 수소를 제외하고는 모두 나중에 만들어져야 했다. 특히 중요한 것은 탄소, 질소, 산소, 인이다. 이 추론은 분광기 관측으로도 확인되었다. 분광기로 본 결과, 가장 오래된 별들은 젊은 별들에 비해 이런 원소들을 훨씬 적게 갖고 있다.

최초의 100만 년이 지난 뒤의 그림은 약간 모호해진다. 이 불덩어리는 공간적으로 제법 균질한 상태였다고 추측되는데, 이것이 어떻게 더 팽창하여 오늘날 우리가 보는 대단히 불균질한 물질 덩어리들, 즉 은하들을 낳았을까? 정확히 어떤 과정을 통해서 다양한 종류의 별들이 탄생했을까? 이런 질문에 대한 자세한 대답은 아직 없지만, 대략이나마 그 과정을 살펴보자.

우주의 초기 단계에서는 중력이 거의 아무런 역할을 하지 않았다. 하지만 100만 년이 지난 뒤부터는 지배적인 역할을 맡았다. 쉽게 말하자면, 중력 때문에 물질이 덩어리지기 시작했고, 덩어리가 다른 덩어리를 끌어들였고, 갈수록 더 큰 응집물이 만들어졌다. 물질이 이처럼 팽창과 압축을 겪자 그 충격으로 부분적으로 온도가 높아졌고, 충분히 뜨거워지자 그때부터 빛을 내기 시작했다. 이 큰 물질 덩어리는 곧 엄청난 고온에 도달했고, 이때부터 핵반응이 시작되었다. 별이 형성된 것이다.

이 단계부터는 핵융합에서 생성된 열이 별의 붕괴를 막았다. 붕괴의 조짐이 보일라치면 별은 더 뜨거워졌고 핵반응이 더 빨라졌다. 이로 인해 압력이 높아졌고 별은 좀 더 팽창하려는 모습을 보였다. 이런 일련의 과정을 통해 별의 최초 붕괴가 방지된 것이다. 자동 온도 조절 장치처럼 작동하는 이 메커니즘에 따라 별은 수백만 년, 심지어 수십억 년까지 꾸준히 '탄다'.

장기적으로는 별의 핵연료가 바닥나게 마련이다. 계산에 따르면 큰 별은 아주 빨리 타고, 태양 같은 중간 크기의 별은 더 천천히 타고, 작은 별은 아주 천천히 탄다. 태양보다 10배 더 육중한 별은 연료를 100배 더 빨리 태운다. 핵연료가 바닥나기 시작하면 어떻게 될까? 이 현상은 사뭇 복잡하고, 별의 무게에 따라서도 다르다. 별은 핵융합을 통해 수소와 헬륨으로부터 그보다 더 무거운 탄소와 질소 등을 만들어냈을 것이다. 그렇다면 이제 그 원소들을 연료로 써서 그들보다 더 무거운 원소들을 만들지도 모른다. 하지만 언젠가는 더 이상 만들 원소가 없어 원소 변환만으로는 충분한 에너지를 공급하지 못하는 단계가 온다. 그때가 되면, 지금까지 핵반응의 열에 의해 저지되었던 중력의 힘이 우위를 점하기 시작한다. 별이 붕괴하는 것이다. 정확히 어떻게 붕괴하느냐는 역시 별의 크기와 구성 물질의 성질에 달렸다. 작은 별은 아마도 백색왜성white dwarf으로 변하여 서서히, 아주 서서히 희미해질 것이다. 큰 별은 붕괴가 빨라서 말 그대로 폭발한다. 구성 물질의 절반가량을 우주 공간 사방으로 빠르게 뿜어낸다. 철보다 무거운 원소들 중에서 다수(양이 그다지 많지 않은 원소들)는 바로 이런 폭발에서 생성되었다.

이처럼 거대한 폭발을 가리켜 초신성이라고 한다. 이때 별은 며칠 동안 어마어마하게 밝게 빛난다. 1604년에 우리 은하에서 초신성이 관측되었을 때는 온 세상이 떠들썩했다. 그보다 앞선 1054년에 중국 천문학자들이 관찰했던 초신성의 잔해는 현재까지도 관측된다. 게성운이라 불리는 그 거대한 발광 기체

구름은 지금도 빠르게 팽창하고 있으며, 원래의 별은 자전하는 중성자별인 펄서Pulsar로 변하여 그 중심에 있다.

초신성 폭발은 우리 몸속 원소들의 주요한 공급원(수소는 예외)이었다. 우리 몸을 구성하는 많은 원소가 만물의 시작과 함께 형성된 것이 아니라 별에서 만들어진 뒤 우주 사방으로 흩어졌다고 생각하면 기분이 참 이상하다.

행성들은 언제 형성되었을까? 이 문제는 8장에서 자세히 다루고, 지금은 배경만 간략하게 훑어보자. 우리 은하의 복잡한 부분을 망원경으로 살펴보면, 대부분이 거대한 기체 및 먼지구름으로 뿌옇게 보인다. 구름은 아주 옅은 곳도 있고 덜 옅은 곳도 있지만, 지구의 기준에서는 어디든 밀도가 몹시 낮은 편이다. 먼지 입자는 담배 연기 입자와 크기가 비슷한데, 아마도 미세한 철, 돌, 얼음, 탄소 화합물로 만들어졌을 것이다. 조금 놀라운 점은 50종이 넘는 작은 유기 분자들도 기체 구름 속에 떠 있다는 사실인데, 특히 밀도가 높은 구름일수록 많다(유기 분자를 훼손하는 자외선이 적기 때문이다). 물론 총 질량은 고작 1ppm 수준에 불과하다. 대개는 사이안화수소HCN나 포름알데히드HCHO처럼 화학적 반응성이 큰 분자들이다. 우주 전체로 따지면 양이 많지만 아주 희박하게 흩어져 있는 이 분자들이 생명의 기원에서 어떤 역할을 했는지는 알 수 없다. 하지만 직접적으로 중요한 역할을 했을 가능성은 낮다. 아미노산, 당, 염기 등 생명의 기원이 되는 작은 분자들(3장과 5장을 참조) 중 일부는 우주에 존재하는 다른 분자들로부터 비교적 쉽게 합성될 수도 있겠지만 먼지구름에서는 아직 검출되지 않았다. 혜성이나 태양계의 다른 작은 천체들에서 어떤 반응이 벌어질까에 대해서는 몇 가지 추측이 있다.

우리 태양과 부속 행성들은 일반적인 먼지 구름이 천천히 자전하다가 중력에 의해 응집함으로써 만들어졌을 것이다. 그 정확한 과정은 아직도 논란이 되고 있다. 쉽게 설명하면, 구름이 붕괴하자 각운동량을 보존하기 위해 자전속도가 빨라졌을 것이고 구름이 원반 모양으로 퍼졌을 것이다. 원반의 중심은 태양이 되었고, 나머지 물질은 서로 더 강하게 응집하고 뭉쳐서 행성과 소행성이 되었다. 이 과정은 8장에서 자세히 이야기하겠다.

태양에 가장 풍부한 원소가 수소와 헬륨인 것을 보면, 구름은 대체로 수소와 헬륨으로 구성되었을 것이다. 하지만 지구 같은 행성은 태양에 너무 가까운 데다가 그다지 무겁지도 않아서 자체 중력장이 미약하다. 따라서 수소와 헬륨 같은 가벼운 원소들을 붙잡고 있을 수 없으므로, 아마도 그런 원소들을 우주 공간으로 잃어버렸을 것이다(지구보다 큰 외행성들은 여전히 가벼운 원소들을 대부분 갖고 있다). 지구의 내핵은 철로 이루어져 있고 더 가벼운 원소들이 단단한 껍질처럼 표면을 덮고 있는데, 이것은 결국 과거의 별들이 남긴 잔해가 축적되어 만들어진 셈이다. 우리가 살아가는 생물권은 비교적 평범한 별에 딸린 비교적 작은 행성의 표면에 비교적 허술하게 덮인 연약한 껍질에 지나지 않는다.

간략한 이 스케치로부터 우리가 깨달아야 할 요점은, 우리가 아는 형태의 생명이 빅뱅 직후 당장 솟아났을 리 없다는 것이다. 당시에는 생명에 필요한 원소들이 존재하지 않았기 때문이다. 그로부터 10억 년이나 20억 년 혹은 더 긴 시간이 흐른 뒤에야 충분히 큰 별들이 생명 주기를 다 밟아 폭발함으로써 유기 생명에 필요한 원자들을 공급했다. 별이 뿜어낸 그 원소들로부터 새로운 별과 행성이 탄생한 것이다. 안타깝게도 우리는 그 과정이 얼마나 쉽고 간단했는지 파악할 수가 없다. 얼마나 많은 별에 공전하는 행성이 딸려 있는가 하는 확률을 이론적으로 확실하게 말할 수도 없다. 다만 간접적인 증거는 있는데, 이 점은 8장에서 살펴보겠다.

우리가 관심을 두어야 할 크기들과 시간들을 다시 간추려보자. 태양계의 지름은 1광년의 약 1,500분의 1이다. 우리에게 가장 가까운 별은 4.3광년 떨어져 있다. 우리에게서 20광년 거리 내에는 별이 100개쯤 더 있다. 우리 은하는 불규칙한 원반 모양을 이룬 별들이 서서히 자전하는 형태로, 먼지와 기체로 이루어졌고, 지름은 약 10만 광년이며, 그 속에는 별이 10^{11}개쯤 들어 있다. 우리에게 가장 가까운 은하는 안드로메다 은하다. 우리 은하보다 조금 더 큰 안드로메다 은하는 우리에게서 200만 광년쯤 떨어져 있고, 그 사이에는 물질이 아주 조금

밖에 없다(중성미자와 광자는 논외로 한다). 근처에 더 작은 은하들이 몇 개 있기는 하지만 말이다. 우주는 그 너머로도 사방으로 적어도 30억 광년쯤 뻗어 있고, 그 속에는 다양한 종류와 크기의 은하들이 10^{11}개쯤 들어 있다.

지구와 나머지 태양계의 나이는 약 45억 년이다. 빅뱅 이후 흐른 시간은 그보다는 덜 정확한데, 아마 70억 년에서 150억 년 사이일 것이다. 빅뱅 직후에는 무거운 원소들이 사실상 전혀 없었지만, 그로부터 10억 년쯤 지난 뒤에는 벌써 상당량이 공급되었다.

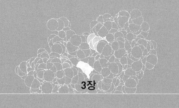

3장

생화학의 통일성

LIFE ITSELF

≈

인간과 바이러스, 멀지만 가까운 사이

생명의 기원 문제는 기본적으로 탄소 화합물의 화학, 즉 유기화학의 문제다. 다만 특별한 틀 속의 유기화학이다. 앞으로 살펴보겠지만, 생물은 원자와 분자 수준에서 믿을 수 없을 만큼 정교하고 정확하게 구체적으로 규정된다. 맨 처음에는 몇몇 분자들이 진화하여 최초의 생물계를 형성했을 것이다. 지구 생명의 기원은 40억 년 이전의 까마득한 옛날이기 때문에 최초의 생물이 대체 어땠는지를 우리가 알아내기란 무척 어렵다. 지구의 모든 생물체는 조금의 예외도 없이 모두 유기화학을 기본으로 삼는데, 유기 화합물은 보통 지표면의 온도 범위에서 아주 오래 안정적으로 존재하지는 못한다. 수억 년 동안 끊임없이 두드려대는 열운동 때문에, 인간의 수명을 좀 넘는 비교적 짧은 기간 동안 유기 분자 속 원자들을 단단히 묶어주었던 화학결합이 언젠가는 끝내 끊어지고 만다. 이런 이유로 우리가 아주 오래전 시대의 '분자 화석'을 발견한다는 것은 사실상 불가능하다.

무기질은 상대적으로 훨씬 안정적이다. 굵은 알갱이 차원에서 살펴보면 대체로 무기질 원자들이 서로 강하게 결합하여 규칙적인 삼차원 구조를 이루고 있기 때문이다. 따라서 결합이 하나 끊어지더라도 전체 형태까지 망가지지는 않는다. 지금으로부터 5억 년 이전에 퇴적된 암석부터는 화석이 풍부하게 발견되는데, 당시의 생물체들이 충분히 진화하여 단단한 부분을 발달시켰기 때문이다. 화석은 애초에 생물체를 구성했던 물질로 만들어진 것이 아니다. 생물체 속으로 다른 무기질이 침투하여 그 형태대로 퇴적된 것이다. 몸에서 부드러운 부분은 보통 형태가 사라진다. 가끔은 벌레 먹은 구멍과 같은 자취들이 보존되기도 하는데, 진정 시간의 암반에 새겨진 발자국인 셈이다.

이보다 훨씬 더 이른 시기의 화석도 있을까? 아주 초기의 암석을 현미경으로 세밀하게 살펴보면, 단순한 생물체의 유해가 화석화한 것처럼 보이는 작은 구조들이 발견된다. 이 생물체들은 현존하는 일부 단세포 생물들과 조금 닮았는데, 이는 충분히 가능한 일이다. 세포가 하나뿐인 생물체들로부터 세포가 여러 개인 생물체들이 진화했을 것이기 때문이다. 구체적인 부분에 대해서는 아직 논란이 있지만, 이 최초의 생물체들은 대략 25억 년에서 35억 년 전에 살았다고 추정된다. 지구의 나이는 약 45억 년이다. 그렇다면 지구가 처음 형성될 때의 소란이 가라앉은 이후에 지표면의 복잡한 화학반응으로부터, 특히 바다, 호수, 연못의 화학반응으로부터 생명이 진화할 시간이 10억 년쯤 있었던 셈이다. 이 기간의 화석 기록은 전혀 없다. 퇴적암이 고스란히 보존된 사례가 전혀 발견되지 않았기 때문이다.

이 문제에 접근하는 방법은 두 가지다. 우선 우리는 실험실에서 최초 생물 발생의 초기 조건을 시뮬레이션해볼 수 있다. 이런 방향의 연구는 아직 크게 진전이 없는데, 생명의 발생이 아마도 행복한 우연이었을 테고 지구라는 방대한 실험실에서조차 수백만 년이 걸린 사건이었음을 감안한다면 그다지 놀랄 일도 아니다. 그래도 약간의 진전은 있었다. 또 다른 방법은 현존하는 모든 생물체들을 꼼꼼히 살펴보는 것이다. 오늘날의 모든 생물체들은 최초의 단순한 생물체로부터 유래했으므로, 최초의 생물체가 남긴 흔적이 그들에게 담겨 있을지도 모른다.

언뜻 이런 희망은 터무니없어 보일지도 모르겠다. 백합과 기린을 하나로 묶는다고? 사람과 사람의 장속 세균에게 공통점이 있다고? 냉소주의자라면 모든 생물체들이 서로 먹고 먹힌다는 점에서만큼은 공통점이 있다고 비아냥거릴 것이다. 그런데 놀랍게도 우리의 생각이 맞았다. 생화학의 통일성은 우리가 불과 백 년 전에 짐작했던 것보다 훨씬 더 폭넓고 세밀한 현상인 듯하다. 자연의 엄청난 다양성(사람, 동물, 식물, 미생물, 심지어 바이러스까지도)은 화학적 차원에서는 모두 동일한 계획도에 따라 만들어졌다. 이 계획도가 무수한 세대를 거치며 자연선택을 통해 진화함으로써 상당히 정교해졌기 때문에, 우리가 일상에서는 겉모습 아래의 통일성을 인식하지 못하는 것뿐이다. 우리는 제각각 다른 생물체이지만 하나의 화학적 언어를 사용한다. 뒤에서 살펴보겠지만, 정확하게 말하자면 서로 밀접하게 연관된 두 언어를 사용한다.

생화학의 통일성을 이해하려면 먼저 생물체 내에서 벌어지는 화학반응을 기본적으로 파악하고 있어야 한다. 살아 있는 세포는 상당히 복잡하지만 잘 조직된 화학 공장이다. 공장은 한 꾸러미의 먹이인 유기 분자를 잘게 쪼개고, 필요하다면 그보다 더 작은 단위로 또 쪼갠 뒤, 그 작은 단위들을 재정렬하고 재조합한다. 이 과정은 확실하게 구분된 여러 단계를 거치는 경우가 많다. 세포는 그렇게 만든 작은 분자들 중에서 일부는 밖으로 배출하고 나머지 일부는 다른 합성에 사용한다. 특히 특수한 작은 분자들을 한 줄로 엮어서 보통 곁가지가 없는 긴 사슬로 만드는데, 이것은 세포에 꼭 필요한 고분자가 된다. 세포 속 거대한 고분자에는 크게 핵산nucleic acid, 단백질protein, 다당류polysaccharide의 세 종류가 있다.

우리가 맨 처음 살펴볼 조직화 수준은 제일 낮은 수준, 즉 원자들이 결합하여 작은 분자를 이루는 차원이다. 원자는 상당히 대칭적인 구형 물체다. 이것을 거울에 비춰 본다면 마치 당구공처럼 거울 속에서도 똑같아 보일 것이다. 그런데 이보다 더 정교한 구조들은 종종 '손 감기성handedness'을 띤다. 실제 우리 손이 좋은 예다. 우리가 오른손을 거울에 비추면 왼손이 보이고, 왼손을 비추면 오른손이 보인다. 기도하듯이 두 손을 맞대면 잘 맞지만, 그것은 둘 사이에 거울을 끼워 넣은 것과 마찬가지다. 한 손을 다른 손으로 중첩시킬 방법은 없다. 이것은 상상으로도 절대 불가능한 일이다.

알코올과 같은 몇몇 단순한 유기 분자들은 손 감기성이 없다. 그런 분자는 마치 손잡이 없는 컵처럼 거울상도 원래의 모습과 같다. 하지만 다른 대부분의 유기 분자들은 그렇지 않다. 우리가 아침 식탁에 놓인 설탕을 거울에 비추어 본다면, 거울 속 설탕 원자들은 원래와는 좀 다르게 조합된 모습을 보일 것이다. 이런 차이가 모든 화학반응에서 중요한 것은 아니다. 가령 분자를 가열하는 반응을 상상해보자. 분자가 점점 더 세게 진동하다가 결국 결합이 끊어지는 과정의 거울상을 떠올려보면, 모든 원자들의 상대 운동은 원래와 똑같을 것이다. 이처럼 화학의 기본 반응들은 반전에 대해 대칭적이고, 대단히 정확한 수준의 근사값으로 그렇다고 말할 수 있다. 하지만 우리가 두 분자를 끼워 맞추려고 하면, 비로소 그때부터 손 감기성의 차이가 중요해진다. 장갑을 만드는 과정을 떠올려보면 이 현상을 쉽게 이해할 수 있다. 장갑을 구성하는 요소인 천, 실, 단추 각각은 모두 거울에 대해 대칭성을 띠지만, 이것들을 한데 조립하는 방식에는 서로 비슷하지만 다른 두 가지가 있다. 오른손 장갑을 만들 수도 있고 왼손 장갑을 만들 수도 있는 것이다. 누가 뭐래도 우리는 두 종류의 장갑이 모두 필요한데, 이는 우리에게 두 종류의 손이 있기 때문이다. 아무리 훌륭한 왼손 장갑이라도 오른손에는 제대로 맞지 않는다.

이런 비대칭 분자들 중에서 가장 단순한 형태는 탄소 원자 하나가 서로 다른 네 원자와 단일 결합을 한 경우다. 혹은 네 원자 집합과 결합했을 수도 있다. 이 분자가 비대칭인 까닭은 탄소 원자의 네 결합이 한 평면에 있는 게 아니라 삼차원에서 서로 일정한 간격을 두고 벌어져 있기 때문이다. 각각의 결합이 대충 정사면체의 한 꼭짓점을 가리키는 형태다.

따라서 탄소 원자를 포함한 유기 분자는 크기가 작더라도 손 감기성을 띨 수 있다. 여러분은 여전히 왜 이 사실이 세포에서 중요한지 의아할 것이다. 이유는 간단하다. 기본적으로 어떤 생화학 분자도 혼자 고립되어 존재하지 않기 때문이다. 모든 분자는 다른 분자들과 반응한다. 거의 모든 생화학적 반응에는 그 속도를 빠르게 만들어주는 특수한 촉매가 존재하는데, 만일 어떤 작은 분자가 반응을 시작하려면, 분자가 촉매 표면에 아늑하게 들어맞아야 할 것이다. 그리고 그 분자에 손 감기성이 있으므로, 촉매 역시 손 감기성이 있어야 할 것이다. 장갑과 마찬가지로, 만일 우리가 왼손 감기성 분자를 오른손 감기용 구멍에 끼워 넣으려고 한다면 반응이 제대로 벌어지지 않을 것이다.

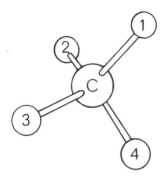

탄소 원자를 둘러싸고 네 결합이 삼차원 공간에 분포한 형태

이제 이 미세한 화학 공장이 돌아가는 광경을 상상해보자. 수많은 반응이 벌어지는 것을 지켜본다고 하자. 분자들은 한곳에서 다른 곳으로 바삐 확산되고, 다양한 촉매 분자와 결합하고, 떨어지고, 재조립되고, 다시 무리를 짓는 등 다른 여러 방식으로 반응한다. 이제 이 과정에 정확히 대칭하는 거울상의 공장도 떠올려보자. 모든 일이 앞의 과정과 똑같이 진행될 것이다. 화학 법칙은 거울 속에서도 한결같기 때문이다. 문제는 우리가 둘을 합치려고 할 때, 즉 한 체계의 요소들을 거울상 체계의 요소들과 섞으려고 할 때다.

한 생물체 속 크고 작은 많은 비대칭 분자의 손 감기성이 모두 조화를 이뤄야 하는 까닭을 이제 이해할 수 있을 것이다. 충분한 경험으로 확인된 바, 실제로 우리 몸의 한쪽 절반에 존재하는 비대칭 분자들의 손 감기성은 다른 쪽 절반에 존재하는

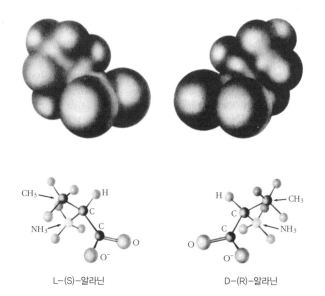

CH₃ → | ← H

NH₃ → | C

C

O

O⁻

L–(S)–알라닌

H → | ← CH₃

C

C ← NH₃

O

O⁻

D–(R)–알라닌

알라닌 아미노산의 두 형태로 서로 상대의 거울상이다. 위 그림은 공간 채움 모형이고, 아래 그림은 공 막대 모형이다. 알파벳 문자는 원자를 뜻한다. 단백질 속의 모든 알라닌은 왼쪽의 L−알라닌 형태다.

분자들의 손 감기성과 같다. 하지만 만일 이론적으로 구성 요소들만 고려한다면 서로가 상대의 거울상이 되는 두 종류의 생물체가 존재하는 것이 가능하지 않을까? 그러나 이런 현상은 결코 발견되지 않는다. 자연에는 일부 개체들의 분자는 정해진 한쪽으로만 감기고 나머지 개체들의 분자는 그에 대칭이 되는 거울상으로만 감기는 별도의 두 생물계가 존재하지 않는다. 포도당의 손 감기성은 어디서나 같은데, 그보다 더 중요한 사실은 한 줄로 엮여서 단백질을 구성하는 작은 아미노산 분자들이 모두 L-아미노산이고(그 거울상은 D-아미노산으로, L은 왼쪽을 뜻하는 Levo이고 D는 오른쪽을 뜻하는 Dextro다), 핵산 속 당들도 모두 한 종류라는 점이다. 모든 생물체 속의 핵심 분자들이 모두 같은 손감기성을 띤다는 것, 이것이야말로 우리가 생화학에서 처음 만난 위대한 통일 원칙이다.

세포의 다른 생화학적 속성들 중에는 놀라울 만큼 어디에서나 비슷한 것이 많다. 구체적인 대사경로(하나의 분자가 다른 분자로 전환되는 정확한 과정)가 늘 같지는 않아도 놀랍도록 서로 엇비슷한 경우가 많다. 세포의 구조적 속성들 중에서도 일부 그렇다. 그러나 가장 깊은 조직화 차원에서의 통일성이 임의적이면서도 완전하다는 점은 실로 충격적이다.

세포의 구조와 대사 장치는 대부분 단백질 분자를 기반으로 한다. 단백질은 원자 수천 개가 이어진 고분자로, 단백질 속의 모든 원자들은 각각 정해진 위치에 정확하게 놓이도록 만들어져 있다. 모든 단백질은 정교한 삼차원 구조를 취하는데, 그 고유의 구조 덕분에 촉매나 구조로서의 기능을 적절히 수행할 수 있는 것이다. 삼차원 구조는 기본적인 일차원 구조가 하나 이상 접혀서 만들어진다. 이 일차원 구조를 '폴리펩티드 사슬polypeptide chain'이라고 부르는데, 사슬의 뼈대는 여섯 개의 원자로 구성된 하나의 패턴이 거듭 반복되며 이어진 형태다. 그리고 뼈대의 한 주기마다 하나씩 작은 곁가지가 튀어나와 있는데, 단백질에 다양성을 제공하는 요소가 바로 이 곁가지들이다. 일반적으로 뼈대 하나에 수백 개의 곁가지가 매달려 있다.

세포의 합성 장치는 어떻게 폴리펩티드 사슬을 제작할까? 어쩌면 너무나 당연한 방법인데, 아미노산이라는 특수한 작은 분자들을 줄줄이 이어서 만든다. 모든 아미노산은 반복되는 뼈대를 형성하는 부분인 한쪽 끝이 모두 비슷하게 생겼지만 곁가지가 될 반대쪽은 다 다르게 생겼다. 여기서 놀라운 점은 단백질 제작에 쓰이는 아미노산의 종류가 겨우 20가지라는 것과 이것들이 자연계 어디에서나 동일하다는 사실이다. 물론 자연에는 다른 종류의 아미노산들도 존재하고, 심지어 그중 몇몇은 세포 안에서도 발견된다. 하지만 단백질 제작에는 20가지의 선택된 아미노산들만이 사용된다.

단백질은 20개의 문자로 구성된 어떤 언어로 쓰인 글과 같다. 단백질의 정확한 성격은 문자들의 정확한 순서에 따라 결정되고, 문자들은 어디에서든 절대 달라지지 않는다. 사소한 단하나의 예외를 제외하고는 동물, 식물, 미생물, 바이러스까지 모두 이 20개짜리 문자 집합을 사용한다. 우리가 보기에는 이 특정 언어를 제외한 다른 비슷한 문자들도 단백질에 얼마든지 쓰일 수 있었을 것 같다. 영어의 알파벳이 다른 기호들로도 얼마든지 대체 가능한 것처럼 말이다. 화학 문자들 중 몇 가지는 누가 봐도 탁월한 선택인데, 작고 구하기 쉬운 분자들이기 때문이다. 만약에 세상의 모든 글이 동일한 임의의 문자 집합을 사용해 쓰여 있다면(현실은 그렇지 않지만), 우리는 어떤 한 장소에서

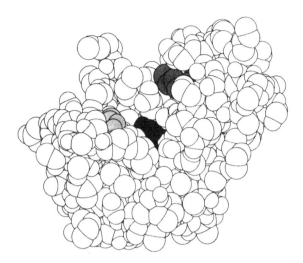

리보뉴클레아제–S(리보핵산 가수분해 효소)라는 작은 단백질의 원자 모형. 색이 칠해진 원자들은 효소의 활성 부위에 해당한다. 이 단백질은 보통 물 분자들로 완벽하게 둘러싸여 있다.

문자가 완전히 다 발달한 뒤 끊임없는 복사를 통해 이곳저곳으로 널리 전파되었다는 합리적인 결론을 내릴 것이다. 그러니 우리는 아미노산에 대해서도 동일한 결론을 내릴 수밖에 없다. 20가지의 아미노산 집합은 아주 보편적이기 때문에, 모든 생물체의 기원과 대단히 가까웠던 어느 시점에 그것들이 선택된 것처럼 보인다.

자연에는 두 번째 화학 언어가 있다. 단백질과는 전혀 다르지만 역시 상당히 통일된 언어다. 모든 생물체의 유전정보는 서로 밀접하게 연관된 두 종류의 큰 사슬형 분자들 중 하나에 담겨 있는데, 그것은 DNA와 RNA라는 핵산들이다. 이에 대해서는 5장에서 더 자세히 이야기하겠다. 각 분자는 엄청나게 긴 뼈대로 구성되고, 뼈대는 작은 단위가 규칙적으로 반복되는 구조다. 여기에서도 역시 규칙적인 간격을 두고 곁가지들이 붙어 있는데, 다만 이때는 곁가지의 종류가 4개뿐이다. 유전 언어의 문자가 넷뿐이라는 뜻이다. 소아마비 바이러스 같은 전형적인 작은 바이러스라면 분자 길이는 문자 5,000개 수준이다. 세균의 세포에 담긴 유전 분자는 보통 수백만 개 수준이고, 사람은 수십억 개 수준이다. 우리 몸의 수많은 세포 각각에 그런 분자들이 담겨 있는 것이다.

1960년대 생물학의 쾌거 중 하나는 문자 4개짜리 유전물질 언어를 문자 20개짜리 단백질 언어, 즉 실행의 언어와 이어주는 작은 사전을 밝혀낸 것이었다. 그것이 바로 유전부호genetic code다(모스부호morse code와 원리가 비슷하다). 이 내용은 부록에서 자세히 다루겠다.

세포가 핵산의 특정 구간에 담긴 유전 메시지를 해석하려면, 생화학적 장치를 동원하여 핵산 곁가지들의 서열을 정해진 지점부터 세 개씩 묶어 읽어야 한다. 핵산의 언어에는 문자가 네 가지뿐이므로, 나란한 세 문자의 조합 가짓수는 64개(4×4×4)다. 이 나란한 세 문자를 코돈codon이라고 부르는데, 총 64가지 코돈 중에서 61가지는 이런저런 아미노산을 뜻한다. 나머지 세 코돈은 '사슬을 끝내라end chain'는 뜻이다('사슬을 시작하라begin chain'는 신호는 좀 더 복잡하다).

유전부호가 생물학에서 차지하는 중요성은 러시아 화학자 드미트리 멘델레예프Dmitri Ivanovich Mendeleev의 주기율표가 화학에서 차지하는 중요성과 같다. 하지만 중요한 차이가 있다. 주기율표는 아마도 우주 어디에서나 다 같을 것이다. 반면 유전부호는 임의적이다. 적어도 부분적으로는 그렇다. 지금까지 많은 사람이 두 생물학적 언어 사이의 관계를 화학적 원리에서 유도해내려고 시도했지만, 아직은 아무도 성공하지 못했다. 부호에 규칙성이 없는 것은 아니지만, 어쩌면 그 규칙성마저 우연일지도 모른다.

만약에 우주 어딘가에 존재하는 다른 형태의 생명이 우리처럼 핵산과 단백질을 바탕에 두었더라도, 그들의 유전부호가 우리와 같아야 할 이유는 없다. (여담이지만, 모스부호는 전적으로 임의적이지 않다. E나 T처럼 자주 등장하는 문자들에 점이나 선이 제일 적게 쓰인 기호들을 할당했다.) 만약에 유전부호의 임의성이 앞으로도 쭉 유지된다면, 이번에도 우리는 지구의 모든 생명이 하나의 원시적인 개체군에서 생겨났다고 결론을 내릴 수밖에 없다. 이 유전부호를 사용해서 핵산 언어의 화학적 정보를 단백질 언어로 전달하는 과정을 통제했던 최초의 개체군이 있었을 것이다.

지금까지 살펴보았듯이 모든 생물체는 문자 4개짜리 동일한 언어를 써서 유전정보를 나르고, 모두가 문자 20개짜리 동일한 언어를 써서 살아 있는 세포의 공작 기계인 단백질을 만든다. 모두가 동일한 화학적 사전을 써서 한 언어를 다른 언어로 번역하는 것이다. 내가 대학생이었던 40년 전만 해도 이처럼 놀라운 통일성을 짐작한 사람은 아무도 없었다(크릭이 이 책을 1981년에 냈으므로 1930~1940년대를 말한다 — 옮긴이). 내가 우리 시대에 대해서 한 가지 이상하게 느끼는 점은, 많은 사람이 자연과의 일체성을 명상하며 깊은 만족을 느끼면서도 정작 자신이 묵상하는 일체성의 본질에 대해서는 무지할 때가 많다는 사실이다. 어쩌면 캘리포니아에는 벌써 일요일 아침마다 유전부호를 낭독하는 교회가 생겼을지도 모르겠다. 이토록 무미건조한 낭송에서 영감을 얻을 신자는 없을 것 같지만 말이다.

생명의 기원에 접근하는 한 가지 좋은 방법은 이 놀라운 통일성이 처음에 어떻게 생겨났는지를 상상해보는 것이다. 생명의 기원을 다루는 현대의 거의 모든 이론과 실험은 핵산이나 단백질, 혹은 두 가지를 동시에 합성하는 작업을 출발점으로 삼는다. 생명이 정말로 지구에서 비롯했다면 원시 지구는 어떻게 최초의 적절한 고분자를 만들어냈을까? 앞에서 보았듯이 사슬형 분자는 더 작은 하위 단위들이 줄줄이 이어져서 만들어졌는데, 어떻게 최초의 생물 발생 이전 조건에서 그런 작은 분자들이 합성되었을까? 설령 우리가 그 과정 전부를 원자 수준에서 관찰한다고 가정하더라도, 생물계가 어느 시점부터 '살아 있다'고 불릴 자격이 있는지를 어떻게 결정해야 할까? 이런 문제들을 파헤치려면, 모든 생물계가 지녀야 할 속성이 무엇인지부터 살펴보아야 한다.

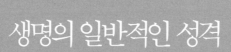

4장

생명의 일반적인 성격

LIFE ITSELF

강력한 자연선택의 힘, 복제와 돌연변이

'생명 life'과 '살아 있다 living'는 말은 간명하게 정의를 내리기가 쉽지 않다. 내가 말하는 생명은 생각하고 느끼는 생물체만을 뜻하는 것이 아니다. 생물학자가 보기에 식물은 분명히 살아 있지만, 과학 교육을 충분히 받지 못한 소수의 사람들을 제외하고는 식물이 사람이나 다른 동물처럼 생각하고 느낀다고 믿는 사람은 거의 없다. 세균도 마찬가지다. 비록 세균이 먹이 분자의 '냄새를 맡고' 먹이를 향해 헤엄칠 줄은 안다지만 세균이 경험하는 느낌은 상당히 제한적일 것이다. 하지만 세균도 분명히 살아 있다고 보아야 한다. 바이러스는 좀 더 까다롭다. 바이러스까지 생각하게 되면 우리는 생물과 무생물의 경계에 가까이 간 셈이다. 아무래도 이 문제에 접근하는 최선의 방법은 생명의 기본적인 과정들에 대해서 우리가 아는 바를 차례차례 나열해보는 것이다. 양파 껍질을 벗기듯이 하나하나 따져서 결국 최소한만 혹은 아무것도 남지 않을 때까지 범위를 좁히고, 가장 마지막에 남은 그 내용을 일반화하는 것이다.

이 일반화 과정을 실제로 따라가다 보면, 생명이 모든 차원, 특히 분자 차원에서 대단한 '조직적 복잡성organized complexity'을 드러낸다는 사실에 놀라지 않을 수 없다. 현미경으로만 볼 수 있는 구조들은 물론이고 맨눈으로 쉽게 볼 수 있는 구조들조차 깊은 차원에서는 분자적 구성 요소들의 정교한 상호작용을 통해 만들어졌다. 이런 고분자들은 얼마나 복잡할까? 그리고 정확히 어떻게 만들어질까?

생물체의 분자 구조에서 가장 눈에 띄는 고분자는 단백질이다. 비교적 단순한 단백질이라도 2,000개 가량의 원자들로 구성되는데, 이 원자들은 각기 정해진 위치에 놓여 상당히 정교한 삼차원 구조를 이룬다. 열운동으로 인해 끊임없이 조금씩 떨리기는 하지만 말이다. 정교한 삼차원 형태는 단백질의 기능에 핵심적이다. 만약에 단백질 분자가 물속에서 열을 받게 되면, 기저의 사슬 구조를 삼차원의 접힌 구조로 정확하게 잡아주던 약한 결합들이 느슨해지게 마련이다. 결합들이 결국 끊어지면, 구조는 엉망으로 헝클어지고, 분자 표면에는 더 이상 정확한 모양의 구멍이 없어 적절한 화학기chemical group들이 달린 상태를 유지하지 못한다. 그렇다면 분자는 더 이상 원래의 기능을 충족시키지 못한다. 이렇게 헝클어진 단백질 분자가 용액에 또 있다면, 두 분자가 들러붙어 응집할 수도 있다. 한번 응집한 덩어리는 용액이 다시 차가워져도 풀리지 않을 수 있다. 삶은 달걀을 떠올려보면 이해가 쉬운데, 원래는 부드럽게 줄줄 흘렀던 단백질이 빽빽한 현탁懸濁 물질로 서로 얽혀 물리적으로 단단한 구조를 이루는 것이다.

단백질의 잘 조직된 삼차원 구조를 고유의 형태대로 정확하게 복사하는 일이 무척 어렵겠다는 생각이 들지도 모른다. 하지만 쉽게 상상할 수 있는 한 가지 방법이 있는데, 조각상을 만들 때처럼 분자의 표면을 본뜨는 것이다. 하지만 분자의 내부는 어떻게 본을 떠야 할까? 자연은 이 과제를 깔끔한 속임수로 해결했다. 폴리펩티드 사슬이 일차원에 가까운 긴 구조로 합성된 뒤에 스스로 알아서 착착 접히는 것이다. 접힘 과정을 지시하는 것은 곁가지들의 패턴이다. 곁가지들끼리, 그리고 곁가지와 뼈대가 다양한 지점에서 약하게 상호작용하는 것이다. 분자는 열운동이 제공하는 다양한 기회를 끊임없이 탐색하다가, 시행착오를 거쳐서 결국 최선의 접힘 상태를 발견한다. 그러면 분자의 여러 부분이 서로 깔끔하게 들어맞아, 열운동이 더 벌어지더라도 분자가 상대적으로 안정을 유지할 만큼 단단하게 자리를 잡는다.

세포는 기적과도 같은 이런 분자 제작 과정을 추진하기 위해서 어떤 노력을 할까? 그저 폴리펩티드 사슬의 구성 요소인 아미노산들을 정확한 순서로 꿰기만 하면 되는데, 분자 조립 라인이라 부를 만한 이 생화학적 과정은 생각보다 아주 복잡하다. 핵산 테이프인 mRNA(즉 전령messenger RNA)들의 지침을 따르는 이 과정의 개요는 5장에서 설명하겠다. 우리가 지금 던질 질문은 이렇다. 얼마나 다양한 단백질이 가능할까? 우리가 무작위로 어떤 아미노산 서열을 선택할 경우, 그 서열이 생겨나는 사건은 과연 얼마나 희귀한 일일까?

이것은 쉬운 조합 문제다. 사슬이 아미노산 200개로 구성된다고 가정하자. 이것은 종류를 불문하고 모든 단백질의 평균 길이보다 약간 짧은 편이다. 아미노산의 각 자리마다 정확히 20종류씩 선택될 가능성이 있으므로, 조합 가능한 전체 가짓수는 20을 200번 곱한 값인 20^{200}이다. 이 값은 약 10^{260}, 즉 1 뒤에 0이 260개나 이어진 수다.

이 수는 우리의 일상적인 인식을 훌쩍 넘어선다. 이 수를 우주에 존재하는 기본 입자인 원자의 수와 비교해보자. 우리 은하 속 10^{11}개의 별들은 물론이고, 관측 가능한 우주의 한계까지 범위를 넓혀 수십억 개의 다른 은하들까지 모두 포함하자. 그 수는 약 10^{80}으로 추산되는데, 10^{260}에 비하면 보잘것없다. 더구나 우리는 비교적 짧막한 길이의 폴리펩티드 사슬을 고려했고, 더 긴 사슬을 고려한다면 수치는 훨씬 더 커질 것이다. 쉽게 증명할 수 있듯이, 지구에서 생명이 시작된 이래 지금까지 긴 세월 동안 합성될 수 있었던 폴리펩티드 사슬의 가짓수도 우리가 예측했던 수치에 비하면 변변치 않은 일부일 뿐이다. 따라서 서열들의 대다수는 지금까지 단 한 번도 합성되지 못했다.

이 계산은 단순히 아미노산 서열만을 염두에 둔 것이었다. 그런데 전체 서열들 중에는 안정되고 조밀한 형태로 만족스럽게 접히지 못하는 것이 많을 것이다. 조합 가능한 총 서열들 중에서 제대로 접히는 것의 비율이 얼마나 되는지 알 수는 없지만, 짐작하건대 꽤 작을 것이다.

좀 더 쉬운 비유를 들어 설명해보자. 영어로 적힌 문장들을 떠올려보면, 모든 문장들은 대문자를 제외한 알파벳과 문장부호로 구성된 약 30가지 기호들의 집합으로 만들어졌다. 전형적인 한 단락의 문자수는 전형적인 한 단백질의 아미노산 수와 비슷하다. 따라서 위의 계산을 비슷하게 적용하면, 가능한 문자 서열의 가짓수는 엄청날 것이다. 그러므로 설령 10억 마리 원숭이에게 10억 대의 타자기를 주더라도, 우주의 현재 수명에 해당하는 시간 내에 윌리엄 셰익스피어William Shakespeare의 소네트sonnet(14행 1연으로 이루어진 정형시 중 가장 대표적인 형식)가 정확하게 타이핑되어 나올 가능성은 사실상 없다. 타이핑된 문장들의 대부분은 무작위 기호들이 단순하게 나열되어 전혀 말이 안 되는 내용일 것이다. 그렇다면 가능한 총 단락들 중 내용은 둘째 치고 말이 되는 단락의 비율은 얼마일까? 이 역시 작을 것이다. 그럼에도 불구하고 쓸모 있고 가치 있는 유의미한 단락들의 총 개수는 아주 많을 것이다. 그 수를 정확하게 추산할 방법은 없지만 말이다. 마찬가지로, 독특하고 조밀하고 안정된 단백질들의 총 개수 역시 아주 많을 것이다.

지금까지의 논의에서 알 수 있듯이 이렇게 기본적인 차원에서조차 복잡한 구조, 즉 조직적 복잡성이 존재한다. 구조는 다수의 동일한 복제물들의 합으로 존재하는데, 이것들이 순전히 우연으로 생겨났을 리는 절대 없다. 이런 시각에서 본다면 생명은 분명 무한히 드문 사건이지만 우리 주변에 차고 넘친다. 이토록 희귀한 것이 어떻게 흔해졌을까?

눈에 띄는 복잡성들을 제거하고 보면 사실 생명의 기본적인 메커니즘은 굉장히 단순하다. 그 메커니즘을 처음 제안한 사람은 찰스 다윈Charles Darwin과 앨프리드 월리스Alfred Wallace로, 두 사람은 각자 토머스 맬서스Thomas Malthus의 이론을 읽은 뒤에 이런 발상을 떠올렸다. 살아 있는 생물체는 먹이, 짝, 생활공간을 두고 서로 경쟁할 수밖에 없다. 특히 같은 종의 다른 구성원들과도 경쟁을 해야 한다. 그리고 포식자를 비롯한 여러 가지 위험도 피해야 한다. 이런 다양한 요인 때문에 일부 개체는 다른 개체보다 후손을 더 많이 남기게 되는데, 그 덕분에 선호된 복제자의 유전적 특징이 후속 세대에게 우선적으로 전수된다. 전문용어로 말하면 다음과 같다. 만약에 어떤 유전자가 소유자의 '적응도fitness'를 높여준다면, 그 유전자는 다음 세대의 '유전자풀gene pool'에서도 발견될 가능성이 더 높다. 이것이 바로 자연선택의 핵심이다. 여기에서 중요한 것은 그 바탕에 깔린 메커니즘이다. 그렇다면 우리는 자연선택의 메커니즘이 갖추어야 할 조건들을 아주 추상적인 용어로 표현할 수 있을까?

첫 번째 명백한 조건은 '복제replication'가 가능해야 한다는 것인데, 그것도 꽤나 정확해야 한다. 생물체는 생명의 특징인 조직적 복잡성을 형성할 때 지침이 되어주는 정보를 상당히 많이 지니고 있다. 그런데 이 정보가 일정 수준 이상의 정확도로 복사되지 않는다면, 오류가 계속 누적되어 결국 복제 메커니즘이 퇴화할 것이다. 그렇다고 100퍼센트의 완벽한 정확도가 요구되는 것은 또 아니다. 모든 복사본이 원본과 똑같아서는 안 된다. 대부분의 오류는 장애물이겠지만 소수의 오류는 유전자가 더 효과적으로 기능하고 진화하게끔 돕는 개선의 역할을 하기 때문이다. 자연선택은 이런 오류가 있어야만 작용할 수 있다. 요컨대, 우리에게는 돌연변이mutation라고 불리는 유전적 오류가 너무 많지 않을 정도로만 필요한 것이다. 현실적으로는 바람직한 오류율이 대단히 낮으므로, 세포는 특별한 예방책을 써서 대부분의 실수를 바로잡고 소수만을 남겨둔다. 그 소수의 오류들이 제공하는 다양성 덕분에 생물종이 계속 생존하며 진화할 수 있는 것이다.

또한 주목할 점은 '돌연변이' 자체도 복제 메커니즘으로 복사되어야 한다는 것이다. 복사되지 않는 실수는 그저 체계를 망치기만 할 뿐 쓸모가 없으므로 어떻게든 제거되어야 한다. 어쩌면 복사 체계는 그 화학적 오류를 무시한 채 표준 문자들

중에서 아무것이나 대신 끼워넣을지도 모른다. 실수를 수정한 결과물이 후속 세대에 충실히 복사되는 한, 그것이 정확히 어떤 실수인가 하는 점은 자연선택의 작동에서 그다지 중요하지 않다.

요약하자면 복제와 돌연변이는 생명의 기본 메커니즘의 두 가지 핵심 조건이다. 우리는 유전자에 대해서 '적응도'가 높거나 낮다는 표현을 쓴다. 유전자가 지닐 수 있는 가장 간단한 이점은 그것이 다른 관련 유전자들보다 더 빨리, 혹은 더 자주 복사된다는 것이다. 유전자는 보통 간접적인 방식으로 이 목표를 달성한다. 유전자는 뭔가 특별하고 바람직한 성질을 지닌 단백질을 암호화한 mRNA를 생산하도록 지시할지도 모른다. 그러면 그 유전자를 보유한 개체는 더 건강한 후손을 더욱더 많이 생산하려는 투쟁에서 유리해진다. 전문용어로 말하자면, 개선된 유전자는 보통 유전형genotype(한 생물체의 모든 유전자들의 집합)만이 아니라 표현형phenotype(한 생물체가 세상에 드러내는 여러 가지 속성)까지 바꾼다. 그리고 이 과정은 보통 하나 이상의 단백질들의 성질이나 양에 의존하는데, 단백질이야말로 몸속 대부분의 화학적 활동들을 통제하는 장본인이기 때문이다. 반면에 핵산, 특히 DNA는 이 단계에서 거의 활약하지 않는다. 그저 단백질이나 특정한 구조 RNA 분자를 복제하고 암호화할 뿐이다.

마지막으로 일반적인 조건이 하나 더 있다. 우리는 '영양 공생cross-feeding'을 피해야 한다. 일반적으로 우리는 우리 유전자의 산물이 다른 경쟁 개체에게 이득이 되는 것을 원하지 않는다. 우리는 그 산물이 우리 유전자만 돕기를 원하는데, 이는 곧 유전자와 그 산물을 어떻게든 한자리에 모아두어야 한다는 뜻이다. 제일 낮은 차원에서는 유전자와 그 산물 대부분을 하나의 보따리에 담아두면 문제가 간단히 처리되는데, 이 보따리가 바로 세포다. 세포는 얇은 반침투성 막으로 감싸여 있고 이 막은 세포 내의 분자들이 밖으로 나가지 못하도록 막는다. 물론 세포 바깥에서 그 분자들이 필요할 때는 예외다. 막에는 특수한 문들과 펌프들이 나 있어 바깥의 먹이나 그 밖의 분자들을 안으로 들여보내고, 내부의 노폐물이나 그 밖의 분자들을 선택적으로 밖으로 내보낸다.

이쯤이면 생명에 필요한 정보 체계의 주요한 요구 사항들을 대강 다 이야기했다. 그런데 여기에서부터 더욱 직접적이고 실제적인 조건들이 따라 나온다. 우선 생물체가 일부 분자들을 복사해서 사용하려면 원재료가 적절히 공급되어야 한다. 그리고 아주 특별한 경우가 아니고서는 그 원재료를 다른 연관된 화학물질로 변환해야만 사용할 수 있다. 현생 동물의 세포에서는 보통 변환의 각 단계마다 그 반응에만 특수하게 작용하는 특별한 단백질이 효소로서 촉매 효과를 발휘한다. 반면에 생명이 처음 발생했을 시기의 원재료는 당장 어디에나 사용할 수 있는 형태였을 것으로 추측한다. 왜냐하면 당시에는 원시 수프를 좀 더 입맛에 맞게 바꿔줄 특수한 효소가 거의 없거나 전혀 없었을 것이기 때문이다.

유기합성organic synthesis이 진행되려면 에너지도 공급되어야 하는데, 이는 반드시 가용 에너지이어야 한다. 전문용어로는 자유 에너지free energy라고 일컫는데, 공짜로 얻는 에너지라는 뜻만은 아니고 열역학적으로 더욱 정밀한 의미가 있다. 에너지가 공급되므로, 생명계는 평형 상태가 아니다. 그런데 이것은 평형이라는 용어를 좁은 의미로 적용했을 때의 말이고, 넓은 의미의 동적 평형은 가능하다. 예를 들어 잔잔한 연못은 정적 평형 상태인 데 반해 흐르는 강물은 거의 일정한 방식으로 꾸준히 흐르는 동적 평형 상태다. 생명계는 바로 이 강을 닮았다. 물질과 자유 에너지가 내부로 흘러들고, 노폐물과 열은 밖으로 흘러나온다. 이런 계를 일컬어 열린계open system라고 하는데, 생명계는 이런 상태를 취해야만 반복되는 화학적 복제에 필요한 합성 과정을 꾸준히 유지할 수 있다.

지금까지 살펴본 생명의 기본 조건들은 다음과 같다. 생명계는 자신의 지침을 직접 복제할 수 있어야 하고, 복제에 필요한 장치도 간접적으로 복제할 수 있어야 한다. 유전물질의 복제는 꽤 정확해야 하지만, 한편으로는 돌연변이(정확히 복사되는 과정에서의 오류)가 낮은 비율로 반드시 발생해야 한다. 유전자와 그 산물은 어느 정도 가깝게 모여 있어야 한다. 계는 열린계여야 하고, 어떤 방식으로든 원재료와 자유 에너지를 공급받아야 한다.

대강 정리한 이 조건들이 그다지 까다로워 보이지는 않지만,

아무것도 준비된 것이 없는 상태에서 이 조건들을 충족시키기란 꽤 어렵다. 이보다 더 모호한 문제는 생명계가 스스로를 향상시키는 능력이 과연 얼마나 되는가 하는 점이다. 드물게나마 오류까지 일으켜야 하는 복사 과정이라는 이 메커니즘은 과연 어느 수준까지 스스로 발전할 수 있을까?

계는 우선 과정의 지속성을 습득해야 한다. 계가 무언가 대단한 것을 성취하려면, 사실상 그 과정을 영원히 진행할 수 있어야 한다. 이는 '세대'마다 복사본의 수가 배가된다는 뜻인데, 쉽게 짐작할 수 있듯이 그 수는 금세 감당이 불가능할 정도로 불어날 것이다. 옛날 이야기도 있지 않은가. 어느 왕이 신하에게 고마움을 표하려고 무엇을 원하느냐 물었다. 그 신하가 교활한 사람이었는지 순진한 사람이었는지 현명한 사람이었는지 멍청한 사람이었는지는 확실하지 않지만, 그는 대단히 겸손해 보이는 요구를 했다. 그는 체스판을 가리키면서 첫 번째 칸에는 밀알 하나를 두고 두 번째 칸에는 두 개를, 세 번째 칸에는 네 개를, 다음 칸에는 여덟 개를, 이런 식으로 밀알을 계속 두 배로 늘려달라고 했다. 언뜻 보기에는 터무니없는 요구처럼 생각되지 않지만, 체스판에 칸이 64개 있다는 사실을 떠올리면 사정이 달라진다. 간단히 산수를 해보면, 필요한 밀알의 수는 2^{64}에서 하나를 뺀 것이 된다. 이것은 10^{19}를 살짝 넘으며, 무게로는 1,000억 톤에 해당하고, 한 변의 길이가 약 6.4킬로미터인 정육면체를 가득 채울 만한 어마어마한 양이다. 전혀 겸손한 요구가 아닌 것이다.

만약에 생명계가 이런 방식으로 계속 두 배로 늘어나면서 원재료와 에너지 형태의 먹이를 요구한다면, 곧 주변의 자원은 바닥이 날 것이고 오래지 않아 개체들은 먹이를 놓고 다툴 것이다. 식량과 에너지의 공급이 일정할 경우, 전체 생명계는 무한히 팽창할 수 없는 대신 정상定常 상태에 다다른다. 쉽게 말해 이 단계에 이르렀을 때는 모든 개체들이 평균적으로 세대마다 하나의 후손만을 남기게 된다. 하지만 그중에서도 어떤 개체는 두 배의 후손을 남길 것이고, 그로 인해 다른 개체는 자연스럽게 번식에 실패할 것이다. 이런 결과는 우연일지도 모른다. 어떤 개체는 우연히 먹이가 저장된 곳을 발견해서 살고, 다른 어떤 개체는 그저 운이 나빠서 굶어 죽을지도 모른다.

다른 경우도 있다. 한 개체가 유전자 중 하나에 돌연변이를 일으켜, 어떤 이유에서든 경쟁에서 승리하게 되었다고 하자. 평균적으로 더 많은 후손을 남길 것이다. 이 개체의 후손들은 집단 내에서 더 큰 비율을 차지할 것이고, 따라서 상대적으로 운이 나쁜 개체들은 후손을 덜 생산하게 될 것이다. 이 과정이 무한히 반복된다면, 결국 덜 유리한 개체는 완전히 사라져버리고 더 효율적인 유전자를 지닌 개체가 집단을 점령할 것이다. 이때 주목할 점은 이 단순한 과정을 통해서 '드물게 발생하는 우연한 사건'이 '흔한 사건'으로 변할 수 있다는 사실이다.

이 과정은 언제든지 여러 차례 벌어질 수 있다. 우연히도 새롭고 유리한 돌연변이가 지속적으로 제공되는 것이다. 나아가 이 진화 과정에 충분한 시간까지 주어진다면, 개선에 개선이 누적됨으로써 마침내 환경에 잘 들어맞도록 세밀하게 조정된 생물체가 만들어질 것이다. 우연히 생겨난 돌연변이만으로도 완벽한 설계에 도달할 수 있는 것이다. 그런데 이때 유전자가 유리한 방향으로만 변화하도록 방향을 지시하는 보편적인 메커니즘은 없는 듯하다. 혹시라도 그렇게 방향을 지시하는 메커니즘이 있다면, 장기적으로는 진화가 지나치게 경직될지도 모른다. 험난한 시련이 닥친 시기에는 진정한 새로움(주요한 속성들이 사전에 계획되지 않은 진짜 새로움)이 필요하기 마련인데, 그런 새로움은 우연에 의존할 수밖에 없기 때문이다. 우연은 진정한 새로움을 제공하는 유일한 공급원이다.

자연선택의 힘은 워낙 강력하기 때문에 모든 차원에서 두루 작용한다. 심지어 선택 메커니즘 자체를 개선할 수도 있는데, 그 좋은 예가 바로 유성생식이다. 만약에 환경(환경이란 개념 자체를 명확하게 정의하는 것은 어렵지만)이 계속 안정적으로 유지된다면, 자연선택은 보수적으로 작동하여 상호교배하는 개체들을 좁은 범위에 가두는 경향이 있다. 왜냐하면 이미 완벽한 상태에 도달했고, 더 이상의 개선은 지극히 드문 사건이 발생해야만 가능하기 때문이다. 발생 가능한 대부분의 사건들은 벌써 모조리 벌어졌을 것이다. 반면에 환경이 변화하거나 일부 개체들이 어떤 이유로든 집단으로부터 격리된다면, 기존의 안정 상태가 교란됨으로써 자연선택이 더 새롭고 창의적인 방향으로 작동할지 모른다. 진화 이론에서는 이런 복잡한 세부 사항들이 무척 중요하지만, 우리는 여기에서 더 지체할 필요가 없다. 우리의 관심사는 생명의 기원이며, 그 초기 단계에서는 생명이 사용할 수 있는 과정들이 더 간단했을 것이기 때문이다. 지금 중요한 것은 자연선택의 일반적이고 폭넓은 속성들을 파악하는 것으로, 어떻게 그런 단순한 가정들로부터 이토록 놀랍고 예기치 못한 결과가 나왔는지를 이해하는 것이다.

우리가 아는 다른 어떤 메커니즘도 이와 비견될 만한 결과를 효과적으로 생산해내지 못한다. 어쩌면 획득형질acquired characteristics의 유전이 대안이 될지도 모른다. 기린이 열심히 노력하여 목을 더 길게 만들면 나무 꼭대기에 매달린 부드러운 잎들을 먹게 될 테고, 그 후손도 지금보다 더 긴 목을 지녀서 생존 투쟁에 더 적합한 상태가 된다는 것이다. 이 메커니즘이 자연선택보다 덜 효과적인 이유를 일반적인 이론으로 명시한 사람은 내가 아는 한 지금까지 아무도 없었다. 다만 이 대안은 생명계에서 자연선택보다 덜 유연할지도 모른다. 특히 진화적 위기를 극복하고자 진정한 새로움이 요구되는 상황에서 더 그럴 것이다. 어쨌든 획득형질의 유전이 성립하려면, 체세포(동식물의 몸)에 담긴 정보가 난자나 정자와 같은 생식 계열로 전달되는 과정이 있어야 한다. 최근에 그런 메커니즘이 하나 제안되기는 했지만, 그 근거가 아주 복잡할 뿐만 아니라 조금 빈약하다. 그러니 획득형질의 유전이 진화에서 작은 역할을 맡을 가능성을 생각해볼 수 있어도, 이것이 주된 역할을 할 가능성은 거의 없다.

생명계가 갖추어야 할 또 다른 일반적인 조건이 있을까? 어떤 형태의 생명이든 우리가 조금이라도 흥미를 느끼려면 어느 정도는 복잡해야 한다. 아마도 상당히 복잡해야 할 것이다. 우리가 아는 범위 내에서 그런 복잡성을 자연적으로 만들어내는 과정은 우주 어디에서든, 어떤 차원에서든 절대 없다. 우리가 유일하게 아는 메커니즘이 바로 자연선택이며, 그 조건들은 이미 대충 짚어보았다.

앞에서 보았듯이 그런 조건들을 만족시키려면 생물체는 대량의 정보를 저장하고 복제해야 한다. 이 일을 효율적으로 해내는 유일한 방법은 조합 원리를 이용하는 것이다. 즉 소수의 표준 단위들을 사용하여 정보를 표현하되, 그 단위들을 아주 다양한 방식으로 조합하는 것이다. 글쓰기는 조합 원리의 훌륭한 사례. 우리가 아는 형태의 생명은 선형 서열을 표준 단위로 사용하지만, 단위를 이차원 평면이나 심지어 삼차원 구조로 정렬한 체계도 상상해볼 수 있다. 복제는 더 어려워지겠지만 말이다. 이런 구조는 정보를 담아야 할뿐더러 (즉 완벽하게 규칙적이어서는 안 된다) 정보의 내용을 정확하게 복사할 수 있어야 한다. 그리고 정보가 복사에 걸리는 시간보다 더 오래 안정적으로 존재해야 하는데, 그렇지 않으면 오류가 지나치게 자주 발생하여 자연선택이 작동하지 못하기 때문이다. 요컨대, 생명의 고등 형태가 진화할 수 있으려면 반드시 표준 단위들로 만든 확장된 조합이 안정되게 존재해야 한다. 이때 표준 단위를 적은 가짓수로만 사용하지 않는다면, 복제 메커니즘이 몹시 까다롭고 복잡해진다. 중국어처럼 수천 개의 독특한 단위들을 가진 언어를 인쇄하거나 타이핑할 때와 마찬가지다.

또 다른 일반적인 조건으로 자연선택 과정이 지나치게 느려서는 안 된다. 우리는 아직 진화의 기본 원리로부터 그 속도를 계산해낼 줄은 모르지만, 만약에 현재보다 열 배나 백 배 더 느리게 진화하는 생명계라면 설령 빅뱅 직후부터 진화하기 시작했더라도 우리와 비슷한 복잡성을 갖춘 고등 생물체를 만들어낼 시간이 없었을 것이다. 그렇다면 고체 상태에 기반을 둔 계는 거의 모두 속도가 부족하다고 볼 수 있다. 물론 고체 상태에서도 화학반응은 일어나지만 속도는 대단히 느리기 때문이다. 따라서 남는 것은 액체나 기체에 기반한 계다.

순수한 기체 상태계gaseous state에 대한 반론으로는 크기가 작은 분자들만이 진정한 기체 상태로 존재한다는 지적이 있다. 분자들끼리 특정한 인력을 발휘하지 않는 상태라도 불특정한 힘은 늘 어느 정도 존재하기 마련인데, 이것을 '반데르발스힘van der Waals forces'이라고 부른다. 이는 가까운 거리의 모든 원자에게 작용하며, 분자가 커지면 힘도 따라서 커진다. 그런데 앞에서 언급한 조합 기법으로 생명의 지침을 구현하기 위해서는 생명의 정보를 담은 분자가 제법 커야 하는데, 그런 분자들이 기체 상태로 존재할 가능성은 현저히 낮다. 고온이라면 가능할 테지만 분자들이 열운동에 의해 조각조각 갈라질 위험이 있다. 극히 낮은 압력에서도 가능성은 있지만, 이 경우에도 나름대로의 문제가 있다. 이런 조건에서는 분자들의 농도가 낮을 수밖에 없어서 필수적인 화학반응들의 속도도 몹시 느릴 것이다. 이런 이유들 때문에 순수한 기체 상태계는 자연선택의 과정에 그럴듯하다고 보기 어렵다.

기체 속에 고체 알갱이나 액체 방울 혹은 특수한 껍질로 둘러싸인 방울이 떠다닌다고 가정하면 어떨까? 이런 형태의 생명이라면 불가능하다고만 주장하기는 어려울 것이다. 이런 계에서는 대형 생물체가 진화할 수 없을 것 같다는 추측이 들지만, 모름지기 이런 추측은 조심해야 한다. 오늘날 육상 동식물이 존재한다는 사실만 보더라도 이런 계가 어떻게든 한 번은 발달했을 것이고, 자연선택은 알다시피 장애물 극복에 대단히 뛰어나다. 하지만 어느 각도에서 보더라도 이 문제에 대한 제일 쉬운 해법은 역시 액체 속에 작은 고체 상태가 떠다니는 계다. 물론 방대한 가능성의 조합 원리를 바탕에 둘 것이지만, 이런 형태의 계가 아니고서는 미래의 발달이 너무도 어려워 보인다.

한편, 원자들 중에서 다른 원자들과의 결합에 가장 탁월한 것은 바로 탄소다. 탄소는 거의 무한한 종류의 다양한 유기 분자를 만들 수 있다. 한편 우주에서 액체 상태로 발견되는 분자들 중 양이 제일 많은 것은 물이다. 그러니 우리가 아는 형태의 생명이 물에 녹은 탄소 화합물을 기반으로 하는 것은 놀랄 일이 아니다.

물론 우주 다른 곳에는 다른 물질에 기반을 둔 생명이 있을지도 모른다. 저온에서는 액체 암모니아가 용매solvent로 기능할지도 모르지만, 암모니아는 용매로서 물만큼 다재다능하지 않다. 물은 예외적으로 훌륭한 용매다. 탄소를 대신할 원소로는 실리콘이 제안되었다. 실리콘의 이점은 적어도 지표면에서는 그 양이 상당히 풍부하다는 점이다. 실제로 실리콘은 산소와 결합하여 규산염을 생성하면서 확장된 구조를 형성하는데, 그중 일부는 이차원이고 선형도 소수 있다. 하지만 대부분은 제법 복잡한 삼차원 구조의 결정이나 유사 결정의 형태이기 때문에 쉽게 자연선택의 기반이 될 것 같지는 않다. 설령 가능하더라도 아주 어설픈 방식일 것이다.

다른 물질에 기반을 둔 생명이 아예 불가능하지는 않다. 몇몇 계는 더 연구할 가치가 있지만, 아직까지는 다른 그 어떤 유망한 계도 제안된 것이 없다. 플라스마plasma 속 생명계나 별 내부의 생명계 따위는 대체로 가능성이 없다. 별 내부에서 생명이 형성되려면, 다양한 방식으로 조합된 핵자nucleon의 무리가 오랫동안 안정적으로 존재할 수 있어야 한다. 그 속에서 정말로 진화가 벌어진다면, 별의 엄청난 온도로 인하여 진화 속도가 매우 빠를 것은 분명하다(별 내부의 핵반응이 무척 느린 편임에도 태양이 오랫동안 꾸준히 빛을 낼 수 있는 이유다). 별이 폭발할 때 일종의 원시적인 자연선택 반응들이 벌어질 가능성도 있지만, 폭발이 그야말로 순간적이기 때문에 선택 과정이 미처 더 진행될 틈도 없이 그 결과는 고정되고 말 것이다.

다행스럽게도 우리는 이처럼 막연한 대안들을 고려할 필요가 없다. 지구의 생명은 분명 수용액 속의 탄소 화합물을 기반으로 삼고 있기 때문이다. 그렇다면 정확하게 어떤 종류의 유기적 화학물질들이 어떻게 상호작용을 하는 것일까?

5장

핵산과 분자 복제

LIFE ITSELF

꙰

DNA와 RNA, 우리 몸에 남겨진 유일한 단서

앞서 우리는 생명계가 갖추어야 할 조건들을 간략하게 살펴보았다. 이제는 우리 주변 생물체들 속에서 자연선택의 다양한 과정이 어떻게 벌어지는지를 구체적으로 알아보자. 앞에서 보았듯이, 절대적으로 중요한 핵심 조건은 모종의 정확한 복제 기법이 있어야 한다는 점이다. 특히 표준적인 하위 단위들의 조립으로 만들어진 긴 선형 고분자가 복사될 수 있어야 하는데, 지구에서는 이 역할을 핵산의 주요한 두 종류인 DNA와 RNA 중 하나가 맡는다. 이 분자들의 일반적인 구조는 상당히 단순하다. 너무나 단순해서 이것들의 유래가 생명의 기원까지 거슬러 올라가도 무방함을 강력하게 주장할 수 있을 정도다.

DNA와 RNA는 비슷하게 생긴 사촌 분자들이라고 보아도 좋다. 따라서 DNA를 먼저 묘사하고 그다음에 RNA와의 차

이점을 설명하겠다. DNA 사슬의 뼈대는 원자 서열이 반복적으로 이어진 균일한 형태고, 뼈대가 한 번 회전할 때마다 곁가지가 하나씩 붙는다. 화학의 언어로 말하면 뼈대에는 '인산 phosphate-당 sugar'의 구조가 수천 수백만 번 반복되는 것이다. 이때 당이란 우리가 매일 식탁에서 보는 설탕이 아닌 디옥시리보스 deoxyribose라는 작은 분자를 말한다. 이름에서 알 수 있듯이 리보스 ribose에서 '옥시기 oxy group(산소)'가 사라진 것이다. (DNA는 디옥시리보핵산 Deoxyribo Nucleic Acid의 약자로, 핵산에서 '핵'은 고등 세포의 핵에서 발견된 물질이라 붙은 말이고 '산'은 인산기가 정상적인 조건에서 음전하를 띠기 때문에 붙은 말이다.) 당마다 하나씩 붙어 있는 곁가지의 종류는 4개뿐이다. DNA의 네 곁가지 염기는 각각 머릿글자를 따서 A Adenine(아데닌), G Guanine(구아닌), T Thymine(티민), C Cytosine(시토신)라고 간편하게 표기한다. 염기들의 크기와 형태 그리고 화학적 조성 때문에 A는 T와 깔끔하게 짝을 이루고 G는 C와 짝을 이룬다(A와 G는 크고 T와 C는 더 작다. 한 쌍은 큰 염기 하나와 작은 염기 하나로 구성된다).

DNA와 RNA는 둘 다 비교적 쉽게 이중 사슬 구조를 이룬다. 사슬 두 개가 옆을 맞대고 나란히 놓인 뒤 서로를 감싸며 꼬여 '이중나선 double helix'을 이루는 것이다. 염기들은 일정한 규칙에 따라 한쪽 사슬의 한 염기가 반대쪽 사슬의 다른 염기와 결합하여 하나의 염기쌍을 이루는데, 이것은 하나의 계단에 해당한다. 염기쌍을 묶어 결합하는 힘은 개별적으로는 약하지만 전

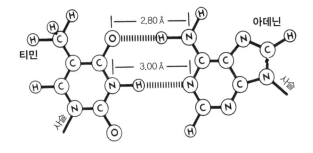

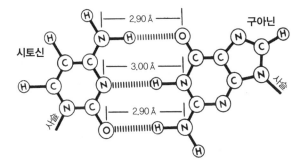

DNA 구조의 비밀인 염기쌍들. 염기들은 약한 수소결합으로 묶여 있는데, 그림에서 점선으로 표시된 것이 수소결합이다. 티민은 늘 아데닌과, 시토신은 늘 구아닌과 짝을 짓는다.

체적으로는 제법 강하기 때문에 이중나선을 안정적으로 유지해준다. 하지만 이 구조가 열을 받으면, 증가된 열운동 때문에 두 사슬이 부딪치며 흔들리다가 결국 갈라지고 용액 속에서 각자 자유롭게 떠다니게 된다.

생물체의 유전 메시지는 이 사슬의 염기 서열에 담겨 있다. 하나의 서열이 주어지면 염기쌍 규칙(A는 T, G는 C와 짝을 이룸)에 따라서 그 상보적 사슬까지 읽어낼 수 있으므로, 유전정보는 하나의 사슬에 한 번씩 총 두 번 기록되어 있는 셈이다. 이것은 한쪽 사슬이 망가졌을 때를 대비한 것으로, 이런 경우 반대쪽 사슬의 염기 서열을 활용하여 망가진 쪽을 수선할 수 있기 때문이다.

한 가지 뜻밖의 속성은 보통의 이중나선에서 두 사슬의 뼈대가 평행 구조가 아니라 역평행 구조라는 점이다. 달리 말해, 한 뼈대의 원자 서열이 위쪽으로 달린다면 반대쪽은 아래로 달린다는 뜻이다. 덕분에 약간 골치 아픈 문제들이 있기는 하지만, 우리 생각만큼 심각한 것은 아니다. 이런 구조는 근본적으로 이중나선이 보유한 특수한 대칭성 때문에 생겨났고, 이 대칭성은 염기쌍들의 유사 대칭성 때문에 생겨났다. 특정한 화학물질들이 서로 깔끔하게 들어맞으려면 우연히도 이런 구조가 제일 편리했던 것이다.

우리는 염기라는 불규칙한 구성 요소들이 서로 잘 들어맞는 한 쌍의 사슬로 분자를 이룰 때, 분자적 복제에 이상적이라는 사실을 쉽게 알아차릴 수 있다. 특히 두 사슬을 간단한 방법으로 비교적 쉽게 떨어뜨릴 수 있기 때문이다. 왜 그럴까? 각 사슬 내부에서 사슬을 묶어주는 화학결합은 상당히 강해서 보통의 열적 교란에 제법 잘 견디지만, 두 사슬을 묶어주는 외부의 결합은 비교적 약해 별다른 힘을 들이지 않고도 개별 뼈대는 가만히 놓아둔 채 두 사슬을 비틀어 열 수 있기 때문이다. DNA의 두 사슬은 연인과 같아서 아무리 깊은 사이였다고 해도 언제 그랬느냐는 듯이 서로 분리될 수 있는 존재들이다. DNA의 두 사슬이 아무리 철석 같이 붙어 있더라도 둘을 묶는 결합보다는 각자의 내부 통일성이 더 강하다.

두 사슬은 더없이 정확하게 서로 맞아들기 때문에 한 사슬을 다른 사슬의 주형으로 삼을 수 있다. 복제 메커니즘은 기본적으로 무척 간단하다. 우선 두 사슬이 갈라져, 한쪽이 새로운 상보적 사슬을 조립하는 주형으로 기능한다. 새 사슬은 네 종류의 표준 부품들을 원재료로 삼아 구조화 작업을 시작한다. 작업이 완료되면 사슬은 한 쌍이 아닌 두 쌍이 존재하게 되는데, 조립이 깔끔하게 이루어지려면 반드시 염기쌍 규칙을 지켜야 하기 때문에 새 염기 서열들은 정확하게 원본 그대로 복사되었을 것이다. 한 쌍의 이중나선에서 출발하여 두 쌍의 이중나선이 생긴 것이다. 두 이중나선은 원래의 사슬 하나와 새로 합성된 사슬 하나가 결합된 구조다. 이때 더 중요한 점은 두 나선의 염기 서열이 원래의 DNA 서열과 똑같다는 것이다.

이처럼 기본적인 개념은 더 이상 단순할 수 없을 정도로 간단하다. 다소 의외로 여겨지는 속성이라면 두 사슬이 동일하지 않고 상보적이라는 점이다. 물론 이보다 더 단순한 메커니즘도 상상해볼 수는 있다. 같은 염기끼리 짝을 지어 두 사슬이 똑같은 구조를 이루는 방법이다. 그러나 화학적 상호작용의 어떤 성질 때문에 같은 분자들끼리 결합하는 것보다 상보적인 분자들끼리 결합하는 편이 더 쉽다.

이 과정을 더 큰 규모의 복사 메커니즘인 인쇄용 활판과 비교해보자. 활판은 표준 기호에 해당하는 활자들을 한 줄 혹은 여러 줄로 배열한 것이다. 각각의 활자는 모든 문자들에게 공통된 표준적인 부분(활자를 고정하는 홈에 끼워질 부분)과 문자마다 부여된 고유의 특징적인 부분으로 구성된다. 그러나 활자와 DNA의 유사성은 여기에 그친다. DNA 복제에는 활자의 잉크에 해당하는 요소가 없다. 또한 종이에 찍힌 문자는 활자의 상보적인 형태가 아니라 거울상이다. 상보적인 형태라면 활자에서 들어간 부분은 종이에서 튀어나오는 방식이어야 한다. 가장 중요한 점은 활자로 찍어낸 인쇄물을 다시 기계에 넣어서 활자로 재생산할 수는 없다는 것이다. 인쇄기는 신문을 수천 장 찍어낼 수는 있지만 그 신문을 복사해서 다시 활자로 만드는 일은 할 수 없다.

DNA 복제는 인쇄용 활판의 복사 메커니즘과는 다르다. 자연선택이 작동하려면 복사본 자체가 복사될 수 있어야 하기 때문인데, 이 점에서 DNA 복제는 인쇄보다는 주형으로 조각을 만드는 과정과 더 비슷할지도 모른다. 조각이 아주 단순하다면 우리는 이것에서 다시 주형을 만들어낼 수 있다. 차이라면 DNA는 네 종류의 표준 조각들로 구성되는 데 반해 대부분의 조각은 그렇지 않다는 점이다.

더 자세히 살펴보면, DNA 복제 과정에는 여러 기본적인 조건들이 필요함을 알 수 있다. 복제가 이중나선에서 시작한다고 하면, 먼저 두 사슬이 어떻게든 갈라져야 한다. 그리고 네 종류의 부품들이 공급되어야 한다. 모든 부품은 당 분자와 인산이 연결된 뼈대 조각 하나와 염기 하나로 구성되며, 네 염기 중 한 종류가 뼈대의 당에 붙어 있는 구조다. 이처럼 염기, 당, 인산의 세 부분으로 구성된 부품 분자를 가리켜 '뉴클레오티드nucleotide'라고 부른다. 실제로는 인산이 하나가 아닌 세 개가 줄줄이 달려 있는데, 개중 두 개는 중합 반응 도중에 떨어져 나가면서 반응을 추진하는 에너지를 제공한다. 오로지 이 부품 분자로만 진행되는 과정도 상상해볼 수는 있겠지만, 현실에서는 합성 반응을 더 빠르고 정확하게 만들어주는 촉매 역할을 하는 효소인 단백질이 적어도 하나쯤은 존재할 것이다.

지금까지 복제 과정을 포괄적으로 설명했지만, 물론 실제의 복제계replicative system는 이보다 훨씬 더 정교하다. 그리고 무엇보다 실제로는 합성이 시작되기 전에 두 사슬이 완전히 갈라지지 않는다. 기존 사슬들이 갈라지는 동안에 벌써 새 사슬이 합성되기 시작한다. 이중나선의 일부분은 벌써 복제되고 있는 반면, 저 멀리 다른 부분은 아직 갈라지지도 않은 상태인 것이다. 특수한 단백질들이 이중나선을 풀어내면, 또 다른 단백질들은 뼈대에 금을 새겨 이를 끊어버리고, 한 사슬이 다른 사슬을 회전하게끔 한 다음 끊어졌던 사슬을 다시 잇는다. 합성은 화학적으로 항상 정해진 한 방향으로만 진행되는데, 이는 서로 반대 방향인 두 사슬에서도 마찬가지다. 한 사슬에서는 합성이 앞쪽으로 진행되고 다른 사슬에서는 뒤쪽으로 진행된다. 복제 메커니즘은 이런 까다로운 조건까지 허용해야 하는 것이다. 또한 새 DNA 사슬은 보통 시발체primer라는 짧은 RNA 조각을 시작점으로 삼는데, 그 뒤로 길게 DNA가 붙는다. 나중에는 특수한 단백질들이 RNA 시발체를 적절한 DNA 조각으로 교체한 뒤 끊어진 곳이 없도록 잘 이어준다. DNA로 이루어진 작은 바이러스 하나를 합성하려면 서로 다른 임무를 수행하는 단백질이 20종 가까이 필요하다. 생물학적 과정은 늘 이런 식이다. 바탕의 메커니즘은 단순할지라도 그 과정이 생물학적으로 중요하다면, 자연선택은 기나긴 진화 경로를 거치는 동안 그것을 다듬고 개선하여 더 빠르고 정확하게 기능하도록 만든다. 이 복잡하고 화려한 정교함 때문에 우리가 생물학적 메커니즘을 이해하기 어려운 것이다.

다행히도 우리는 이 복잡한 세부 사항들에 발목을 잡힐 필요가 없다. 생명이 막 꽃을 피웠을 시기에는 화학이 상대적으로 더 단순했을 것이다. 우리는 염기쌍 규칙의 바탕인 염기들의 기하학적 구조 덕분에 상당히 단순한 생명계에서도 특정적인 복제가 가능해졌다는 점만 이해하면 된다. 사실 DNA의 핵심은 이중나선 형태가 아니다. 실제로 단순한 바이러스는 단일 가닥 DNA로도 유전물질을 지닐 수 있는데, 염기 5,000개 수준의 짧은 분자라서 손상에 대비해 두 번째 사슬을 갖고 있을 필요가 없는 것이다. DNA의 핵심은 특정한 염기 서열이 자기 자신과 상보적인 새 사슬을 만들 수 있다는 복제 메커니즘의 단순성이다. DNA가 생명의 최초 단계에서부터 쓰였을 것이라고 추측하는 것도 이 단순성 때문이다. 복제 뒤에 오래된 사슬과 새로운 사슬이 한데 붙어 있느냐 마느냐는 덜 중요한 문제다.

이제 DNA의 가까운 친척인 RNA에 대해서 이야기해보자. (RNA의 다양한 종류에 대해서는 부록에서 더 길게 설명한다.) 고등 생물체의 모든 세포 속에는 무수히 많은 긴 DNA 분자가 들어 있고, 이 분자들은 염기 서열의 형태로 유전정보를 암호화하고 있다. 어느 시점이든 이 서열 가운데 여러 짧은 부분들이 단일 가닥 RNA로 복사되고 있으며, 바로 RNA의 복사본들이 세포에서 실제로 일을 한다. 일부 RNA는 구조적 용도로 쓰이지만, 대부분은 단백질 합성 지침인 mRNA다. 단백질 합성은 리보솜ribosome이라는 복잡한 분자 속에서 벌어지는데, 이때 보조 도구인 tRNA(운반transfer RNA) 분자도 많이 필요하다.

단백질 합성 과정은 상당히 복잡하다. 하지만 그만큼 복잡해야만 하는 일이기 때문에 어쩔 수 없다. 단일 가닥 RNA 복사본을 DNA로 바꾸는 전사transcription 과정은 상대적으로 덜 복잡하여, 꽤 큼지막한 어떤 단백질의 안내를 따르기만 하면 된다. 반면에 mRNA를 지침으로 삼아 단백질을 합성하는 번역translation 과정은 좀 더 까다롭다. 문자 4개짜리 RNA 언어로 암호화된 지침들에 화학적 장치를 적용하여 문자 20개짜리 단백질 언어로 '번역'해야 하기 때문이다. 어쩌면 이런 메커니즘이 존재한다는 것 자체가 놀라운 일이다. 더 놀라운 점은 동물이든 식물이든 세균이든, 살아 있는 세포라면 모두 이 메커니즘을 가지고 있다는 사실이다. 이 발견은 현대 분자 생물학의 개가였다.

세포는 작은 공장이나 마찬가지다. 이 공장은 늘 붐비며, 조직적이고 체계적인 화학적 활동들이 늘 빠르게 벌어지고 있다. 효소들은 적절한 분자적 통제를 받으면서 부지런히 mRNA를 합성한다. 리보솜은 mRNA에 하나씩 올라탄 뒤 옆으로 이동하면서 염기 서열을 읽고, tRNA 분자들이 전달해주는 아미노산 중에서 자신에게 맞는 것들을 엮어 폴리펩티드 사슬을 만든다. 완성된 폴리펩티드 사슬은 스스로 접혀서 단백질이 된다. 자연은 헨리 포드Henry Ford가 자동차 조립 라인을 발명하기 수십억 년 전에 벌써 조립 라인을 발명했던 것이다. 게다가 이 조립 라인은 수많은 종류의 독특한 단백질들을 생산할 줄 안다. 이 단백질들은 세포의 공작 기계라 할 수 있다. 스스로 유기 분자들을 합성하거나 재합성하면서 조립 라인에 필요한 원재료를 공급하고, 공장을 짓는 데 필요한 분자들도 공급한다. 또 에너지를 제공하고 쓰레기를 처분하는 등 그 밖의 다양한 기능을 수행한다. 이 과정은 너무나 복잡하지만, 우리는 세부 사항까지 다 파악하려고 애쓸 필요가 없다. 요지는 이렇다. 유전부호가 생명계에서 거의 보편적이기는 해도, 유전부호를 구현하는 메커니즘이 이토록 복잡한 것을 볼 때 이런 메커니즘이 단번에 생겨났을 리는 없다. 이 메커니즘은 분명 훨씬 단순한 다른 체계로부터 꾸준히 진화했을 것이다. 우리가 생명의 기원을 연구할 때 제일 중요한 문제는 그 단순한 체계가 과연 무엇이었을까를 추측하는 일이다.

이쯤에서 단백질, RNA, DNA라는 세 종류의 고분자들을 비교 및 대조해보자. 단백질 분자를 구성하는 곁가지는 모두 20가지고, 그중 일부는 화학적 반응성이 크다. 단백질은 핵산보다 훨씬 다재다능하다. 간혹 조효소라는 작은 유기 분자가 도우미로 필요할 때도 있지만, 우리가 아는 모든 효소가 단백질로 만들어진 이유는 바로 이 다재다능함 때문이다. 특정한 화학결합을 잇고 끊는 효소의 능력이 없다면, 오늘날의 세포들은 그 어떤 기능도 하지 못할 것이다. 수많은 화학반응이 이런 촉매 활동을 필요로 하기 때문에 당연히 효소에도 수많은 종류가 있는 것이다.

이와 대조적으로 핵산 중에서는 촉매로 기능하는 것이 발견되지 않았다(사실은 크릭의 발언 이후 얼마 지나지 않아 RNA 효소가 발견되었다 — 옮긴이). RNA와 DNA는 곁가지의 종류가 20개가 아니라 4개다. 핵산 분자는 염기끼리 잘 들어맞는다는 점에서 복제에 이상적이지만, 화학적 촉매로서는 네 가지 곁가지들이 썩 적절하지 않다. 그러나 RNA와 DNA는 단백질이 못하는 일, 즉 이중나선과 같은 상보적 구조를 이룰 줄 알아야 한다. 하지만 우리가 아는 단백질 분자는 그렇지 않다. 적어도 20가지의 곁가지로 만들어지는 오늘날의 단백질은 절대 할 수 없는 일이다.

생명의 기원을 연구하는 대부분의 화학자들은 RNA가 먼저 생겨났고 DNA는 그다음에 나타났을 것이라고 추측한다. RNA는 DNA보다 반응성이 더 크기 때문에 원시 지구의 환경에서도 쉽게 합성되었을 것이다. 어쩌면 최초의 유전자는 RNA로 만들어졌을지도 모른다. 시간이 흘러 유전정보가 꽤 길어지자, 그때서야 비로소 RNA보다 더 안정적인 DNA를 활용하여 보관용 사본을 만들었는지도 모른다.

적어도 지구의 생명은 단백질과 핵산이라는 두 고분자 체계를 하나로 통합한 것이다. 단백질은 다재다능함과 높은 반응성 덕분에 갖가지 일을 처리할 수 있지만, 단순한 방식으로 스스로를 복제할 줄은 모른다. 반대로 핵산은 복제에 안성맞춤이지만, 섬세하고 재주 많은 단백질에 비해 할 줄 아는 일이 별로 없다. RNA와 DNA는 생분자 세계의 멍청한 금발 미인이나 다름없다. 주로 번식에만 적합하여(이때도 단백질의 도움을 조금 받는다), 더 도전적인 업무에서는 대체로 쓸모가 없다. 만일 복제와 촉매의 역할을 모두 해내는 한 종류의 고분자만이 존재한다면, 생명의 기원은 훨씬 풀기 쉬운 문제였을 것이다. 하지만 우리가 아는 모든 생명은 두 종류의 분자를 쓴다. 이는 두 기능을 다 해내는 편리한 고분자가 없기 때문이며, 더 나아가 유기화학의 한계 때문일지도 모른다. 애초에 물질의 속성이 그렇기에 어쩔 수 없는 일인지도 모른다.

우리가 논의를 더 진전시키려면, 이제는 원시 지구의 물리화학적 상황이 어땠는지를 알아야 한다. 꼭 지구가 아니더라도 지구와 비슷한 다른 행성의 화학적 조건에는 무엇이 있었는지를 알아야 한다. 이제 이 주제로 시선을 돌려보자.

6장

원시 지구

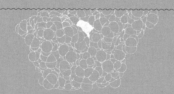

LIFE ITSELF

생명의 시작에 관한 놀라운 이야기들

생명의 물질적 토대가 형성되려면, 어떤 물질들이 있어야 할까? 우리가 주변에서 보는 생명은 모두 탄소 원자를 기본으로 한다. 탄소가 수소, 산소, 질소와 결합한 형태이고, 인과 황도 조금 쓰인다. 불과 몇 안 되는 종류의 원소들을 가지고 엄청나게 다양한 작은 분자(원자 50개 미만의 분자)들을 만들 수 있고, 원자 수천 개로 이루어진 고분자라면 거의 무한한 종류를 만들 수 있다. 나트륨, 칼륨, 마그네슘, 염소, 칼슘, 철 그리고 갖가지 다른 원소들의 대전帶電된 형태(이온)도 중요하다. 하지만 이런 원소들은 대부분 유기 분자의 일부가 아닌 하나의 독립된 형태로 존재한다. 어쨌든 생명이 시작되기 위해서는 이런 원소들이 대부분 공급되어야 했다. 그렇다면 이것들은 어디에서 왔을까? 모두 따로따로 존재했을까 아니면 단순한 결합 형태로 존재했을까?

유기화학의 원소들은 반응성이 큰 편이라 지구 대기에서도 결합된 형태로 존재한다. 단순한 화학적 논리에 따라 예측할 수 있듯이 수소는 자신들끼리 결합하여 H_2 분자로 존재할 것이다. 같은 방식으로 산소는 O_2 분자, 질소는 N_2 분자를 이룰 것이다. H_2O(물), NH_3(암모니아), CO_2(이산화탄소), CH_4(메탄) 등의 단순한 조합들도 기대할 수 있다. 오늘날의 대기에는 활성이 대단히 낮은 기체 상태의 N_2가 제일 많고, 거기에 O_2가 20퍼센트 정도, H_2O가 약간, CO_2가 그보다 더 적게 들어 있다.

한때 과학자들은 지구의 원시 대기가 지금과는 사뭇 달랐다고 믿었다. 우주에서 가장 많은 양을 차지하는 원소가 수소이므로 수소가 원시 대기를 점령했을 것이라는 생각이 자연스러웠던 것이다. 오늘날 공기 중의 산소는 대부분 광합성으로 생성된 것이다. 초기 지구에는 생명이 없었기 때문에 산소가 광합성으로는 만들어질 수 없었다. 우주처럼 수소가 풍부하고 산소가 희박한 대기를 가리켜 '환원성' 대기라고 하는데, 대조적으로 오늘날의 대기는 '산화성' 대기다. 잠시 뒤에 이야기하겠지만, 생물 발생 이전 조건에서 합성을 시도한 실험들의 결과는 수소가 원시 대기를 점령했다는 가설을 지지하는 것처럼 보였다.

그러나 최근 들어 이 발상에 의문이 제기되었다. 수소는 아주 가볍기 때문에 비교적 약한 지구의 중력으로는 수소를 붙잡아둘 수 없었다는 것이다. 수소는 쉽게 우주 공간으로 날아가버린다. 정확한 탈출 비율은 여러 요인에 좌우되는데, 그중에서도 상층 대기의 온도가 가장 중요하다. 온도가 높을수록 원자나 분자의 움직임이 빨라져 더 쉽게 탈출한다. 요즘 과학자들은 지구에 원래 있었던 수소의 대부분이 빠르게 탈출했으며, 이후의 원시 대기 역시 수소가 아주 많지는 않았다는 의견에 일리가 있다고 본다.

산소는 어떨까? 산소가 광합성으로 생성될 수 없었던 것이 분명하다면 다른 그럴듯한 메커니즘이 있었을까? 원시 지구에는, 특히 대기 중에는 틀림없이 물이 잔뜩 있었을 것이다. 어떤 특정한 조건이 갖추어지면, 자외선은 물을 쪼개어 그 구성 원소들을 낱낱이 떼어낼 수 있다. 이렇게 생성된 수소와 산소 중에서 수소는 우주로 탈출하고 산소만 남아 지구에 축적되었을 것이다. 이 과정이 충분히 큰 규모로 벌어졌다면, 대기에는 산소가 많아졌을 수 있다. 요즘은 대기 구조의 어떤 특징들 때문에 이런 방식으로 생성되는 산소가 많지 않지만, 먼 과거에는 조건이 아주 달랐기 때문에 산소가 풍성하게 생성되었을지도 모른다.

물론 대기에 존재하는 원소가 산소와 수소만은 아니었다. 질소도 많았을 것이고, 결합한 상태는 아니었겠지만 탄소와 황도 조금씩 있었을 것이다. N_2와 CO_2 기체도 있었을 것이고, 소량의 CH_4와 CO(일산화탄소), 어쩌면 NH_3와 H_2S(황화수소)도 있었을 것이다. 다만 기체들의 정확한 비율은 알 수 없고, H_2와 O_2는 특히 그렇다.

대기는 지표면의 화학물질과 상호작용을 하므로, 우리는 초기 퇴적암의 화학적 조성을 살펴봄으로써 대기 조성 초기 과정에 대한 단서를 얻을 수 있다. 몇몇 암석을 확인한 결과, 이것들은 환원성 조건에서 형성되었음을 알 수 있었다. 이 사실은 당시 대기가 환원성이었다는 가설의 증거로 받아들여졌지만, 최근에는 여기에 대해서도 의문이 제기되었다. 현재의 우리 주변 공기에는 산소가 풍부하다. 그런데도 일부 퇴적물은 여전히 환원성이기 때문이다. 악취를 풍기는 진창이 좋은 예인데, 보통 진흙 속 유기물이 혐기성anaerobic으로 분해될 때 환원성 조건이 갖추어진다.

현대 과학자들이 새롭게 주장하는 바에 따르면 우리가 특정 시대에 형성된 암석들 중 구할 수 있는 것을 전부 찾아 살펴볼 경우, 과거의 대기가 평균적으로 오늘날과 비슷했다는 결론이 도출된다는 것이다. 그러나 이렇게 거슬러 올라갈 수 있는 시기는 32억 년 전으로 제한된다. 그보다 먼 과거에 대해서는 증거가 빈약한데, 적당한 암석을 구할 수 없기 때문이다. 어쨌든 32억 년 전의 대기가 환원성이 아니라는 추측은 크게 놀랍지 않다. 늦어도 36억 년 전부터는 이미 광합성을 하는 생물체가 존재했을 것이기 때문이다. 다만 그런 생물체가 얼마나 많았는지는 알 수 없으므로, 그들이 생산한 산소량이 얼마나 되었는지까지는 추측하기 어렵다.

요약하자면 우리는 생명이 존재하기 전 지구의 대기 조성이 어땠는지, 특히 대기가 어느 정도로 환원성이었는지 혹은 산화성이었는지를 대충이라도 알고 싶어 한다. 하지만 지금으로서는 구체적인 결론을 내리기가 어렵다.

원시 지구의 온도 역시 확실하지 않다. 온도는 지구가 형성된 속도에 크게 좌우된다. 만일 지구가 짧은 시간 내에 뭉쳐졌다면, 그 충격에서 발생한 열은 빠져나갈 시간이 부족했을 것이고, 지구는 형성 초기 단계에서 대단히 뜨거웠을 것이다. 좀 더 느리게 형성되었다면, 원시 지구의 온도는 덜 극단적이었을 것이다. 그래도 최종 응집 단계에서의 충격 때문에 일시적이나마 국지적으로 뜨거웠던 장소들이 있었을 것이다. 구체적으로 어떤 과정을 거쳤든 결국 지구는 어느 시점부터 액체인 물을 충분히 가진 상태로 안정되었을 것이고, 이후 원시 대양, 바다, 강, 호수, 연못이 형성되었을 것이다.

대기의 속성과 관계없이 대기가 태양으로부터 많은 에너지를 받았을 것이라는 점만은 분명하다. 당시 태양이 얼마나 뜨거웠는지는 정확히 알 수 없지만 오늘날 우리가 받는 복사량과 크게 다르지 않을 것이다. 다만 지표면에 도달하는 복사량에 영향을 미쳤을 만한 차이라면, 오늘날의 오존O_3층이 당시에는 없었을 것이다. 대기에 산소가 적다는 것은 H_2O, CO, CO_2로 결합된 형태를 제외하고는 오존층도 존재할 수 없다는 것을 의미하기 때문이다. 오늘날 오존층은 태양의 자외선 중에서 많은 양을 차단한다. 또한 당시에도 요즘의 폭풍우와 비슷한 뇌우가 잦았을 테고, 땅에서든 해저에서든 화산활동도 적지 않았을 것이다. 게다가 전리층과 상층 대기에서는 이온 분자들이 활발히 반응했을 것이다. 따라서 화학적 변화를 추진하는 데 필요한 에너지는 여러 곳에서 공급될 수 있었다. 이런 점을 모두 고려할 때 원시 바다에는 그저 물과 소수의 단순한 염들만 있었던 것이 아니라 작은 유기 분자들도 상당히 다양하게 축적되어 있었을 것이다. 그 분자들은 원래 대기에서 만들어졌다가 방전이나 자외선, 기타 에너지원에 의해 바다에 녹았을 것이다.

원시 지구의 초기 대기에는 지금과 달리 산소가 많지 않았을 것이라는 생각은 1953년부터 전폭적인 지지를 받았다. 해럴드 유리Harold Urey의 제자였던 스탠리 밀러Stanley Miller가 유명한 실험에 성공한 덕분이었다. 밀러는 CH_4, NH_3, H_2, H_2O를 닫힌계(여기서는 물이 담긴 플라스크를 뜻한다)에 담은 뒤 방전을 가했다. 그리고 물을 끓여서 기체 순환을 촉진했다. 물은 수용성인 휘발성 분자가 생성되었을 때 그것을 녹여 보호함으로써 분자가 방전으로 인해 도로 분해되지 않도록 하는 역할을 했다. 밀러는 일주일쯤 지나서 방전을 중단했다. 그리고 물을 조사했더니 그 속에는 작은 유기 화합물들이 다양하게 들어 있었다. 모든 단백질에서 발견되는 단순한 두 아미노산인 글리신glycine과알라닌alanine도 상당량 있었다.

　이후에도 과학자들은 비슷한 실험을 많이 실시했다. 다양한 조합의 기체 혼합물을 사용했고, 여러 에너지원과 실험 조건을 사용했다. 광물질을 가열하여 그 표면에 기체를 흘려보내는 실험도 있었다. 이런 실험들의 결과는 너무 복잡하기 때문에 지금 설명하는 것이 어렵지만, 한 가지 충격적인 사실은 짚어볼 만하다. 기체 혼합물에 산소가 어느 정도 포함되어 있을 때는 현재 생명계의 분자들과 관련된 분자들이 생성되지 않았다는 점이다. 반면 기체 혼합물에 기체 산소는 없고 질소와 탄소가 어떤 형태로든 들어 있을 경우에는 현재 생명계와 비슷한 분자들이 생성되었다. 특히 혼합물에 H_2가 없는 경우에는 유달리 큰 아미노산들이 다양하게 생성되었는데, 앞에서 말했듯이 원시 지구에서는 H_2가 우주로 달아나 없었을 것이기 때문이다. 반면에 밀러의 실험은 닫힌 공간에서 벌어졌기 때문에 생성된 H_2가 플라스크를 빠져나갈 방법이 없었고, 따라서 실험이 진행되는 동안 계속 축적되었던 것이다.

　한마디로 만일 대기가 환원성이었다면 원시 지구의 물에는 작은 유기 분자들이 옅은 농도로 녹아 있었을지도 모른다. 최초의 생명계는 그중에서 많은 분자를 원재료로 썼을 것이다. 정확히 어떤 분자들이 어디에서(상층 대기, 바다, 해저화산, 조수의 영향을 받는 웅덩이, 작은 호수, 온천, 화산의 균열 근처, 혹은 이 모든 곳에서) 얼마나 형성되었는지는 여전히 논란이 되는 문제다. 이런 분자들 중에는 물에서 오랫동안 안정적으로 존재하지 못하는 것들이 많다. 따라서 그 농도는 수천수만 년 동안 꾸준히 생성된 양과 열운동 때문에 물속에서 파괴된 양이 평형 상태를 이룬 지점이었을 것이다. 대부분의 아미노산은 음전하와 양전하를 모두 띠므로, 비록 분자가 작고 전체적으로 중성을 띠더라도 공기로 빠져나가기보다는 물속에 머무는 편을 선호했을 것이다. 증발로 손실되지 않았다는 말이다. 그리고 원시 수프라고 불리는 이 액체 자체가 '썩지도' 않았을 것이다. 그 속의 분자들을 먹고 살아갈 미생물이 전혀 없었기 때문이다.

한번은 내가 생명의 기원을 함께 연구하던 동료 레슬리 오겔에게 원시 수프의 농도가 얼마나 될 것 같으냐고 물었다. 오겔은 자신이 대충 계산해본 결과, 아마도 유기 물질은 대부분 작은 분자들이었겠지만 그 농도가 닭고기 수프만큼은 되었을 것이라고 대답했다. 나는 어리둥절했다. 나는 손수 저녁을 차려 먹어야 하는 드문 상황에서 닭고기 수프 통조림을 따본 적이 있는데, 그 속에는 작은 고기 덩어리 외에도 뻑뻑하고 걸쭉한 농도 짙은 크림 같은 혼합물이 들어 있었다. 바다 전체가 그런 상태라니 있을 수 없는 일 같았다. 사실 원시 수프에 대한 더 정확한 묘사는 닭고기 육수일 것이다. 오겔은 맑고 묽은 닭고기 부용·bouillon을 염두에 두었던 것이다. 그는 특정한 하나의 표본을 가정하고 그 속에 든 유기 물질의 양을 정확하게 측정하기까지 했다. 그의 추정치에 모두가 동의하지는 않겠지만,

그 수치는 생명이 시작되기 전에 지구에 주어졌던 유기 원재료의 총량을 대충이라도 알려주는 정보임이 분명하다.

초기 대기가 환원성이 아니라 산소를 상당량 포함한 산화성에 가까웠다면, 그림은 좀 더 복잡해진다. 적절한 원재료가 주어지지 않았을 테니 생명이 지구에서 시작되기란 거의 불가능했을 것이다. 정말로 그렇다면 이는 정향 범종설을 지지하는 증거가 된다. 8장에서 자세히 이야기하겠지만, 어쩌면 우주에는 환원성 대기로 구성된 다른 어떤 행성이 있었고 그곳의 원시 수프는 생명에 더 유리한 조건이었을지도 모른다. 하지만 설령 지구의 대기가 산화성이었더라도 가령 바위 밑, 호수 바닥, 해저 등의 군데군데 환원성 조건을 띤 장소가 있었을지도 모른다. 어쩌면 해저의 열수구熱水口 주변이 생물 발생 이전 합성에 적합한 조건이었을지도 모른다.

또 다른 가능성은 우주에서 적지 않게 발견되는 작은 분자들이 어떤 방법으로든 지표면에 도달했을 가능성이다. 어쩌면 그 분자들은 지구와 충돌한 혜성에서 묻어왔을지도 모른다. 그래서 적합한 화학물질들의 농도가 국지적으로 높아졌을 수도 있다. 설령 그 면적이 지표면의 사소한 일부에 지나지 않더라도, 그 특별한 몇몇 장소만으로도 생명의 발생이 진행되기에 충분했을지도 모른다. 물론 생명은 적절한 환경이 주어지면 비교적 쉽게 발생한다고 가정을 해야겠지만 말이다.

불확실한 점이 이렇게 많기는 해도 다음과 같이 정리해볼 수 있다. 지구 역사의 초기 단계에서 지구 표면에 상당량의 물이 생겼다. 그리고 작은 유기 분자들이 낮은 농도로 녹아 있는 장소들이 등장했다. 그 분자들 중에는 단백질이나 핵산의 원재료와 무관하지 않은 것도 많았을 것이다. 그런 장소에는 주변 바위에서 씻겨 나온 다양한 염들도 녹아 있었다. 이런 조건은 원시적인 생명의 발생에 적합했을 것이다. 그렇다면 우리는 새로운 문제에 직면한다. 이 단순한 상태의 계가 끊임없는 화학적 진화 과정 속에서 어느 단계에 다다랐을 때부터 우리는 그것을 진정한 생명계로 인정해야 하는가의 문제말이다.

우리가 어느 단계를 선택하든 약간은 임의적일 수밖에 없지만, 생물과 무생물의 경계로 볼 만한 좋은 기준이 하나 있기는 하다. 바로 자연선택이 작동하는가 하는 점이다. 물론 단순한 방식이라도 좋다. 자연선택이 작동하기만 한다면, 하나의 드문 사건이 점점 흔해질 수 있다. 자연선택이 작동하지 않는다면, 하나의 드문 사건은 그저 우연히 등장한 어떤 사물의 고유한 성질에 머무르게 된다. 그만큼 이 기준은 매우 중요하다. 생명의 기원이 실제로 꽹장히 드문 사건이었을지도 모르기 때문이다. 그렇다면 이제 우리는 생명의 기원이 정확하게 얼마나 드문 사건이었는지를 몹시 알고 싶다.

어떤 수프가 주어졌을 때, 그곳에서 자발적으로 생겨난 생명계가 자연선택에 의해 진화할 가능성은 얼마나 될까? 여기에서 우리는 가공할 문제들에 맞닥뜨린다. 정확한 과정이야 모르겠지만 원시 상태의 계가 상당히 순조롭게 진화하여 현재의 계에 이르렀다는 것은 자명한 사실이다. 달리 말해 원시적인 계가 오늘날처럼 핵산을 사용하여 복제하고 단백질을 통해 행동하는 계로 진화했다는 것은 엄연한 사실이다. 다만 계가 처음 진화하기 시작했을 때는 지금과는 전혀 다른 물질을 사용했을지도 모른다. 지금과는 다른 계가 앞서 길을 닦아주었을 가능성도 있다는 말이다.

설령 최초의 복제계가 오늘날의 구성 요소들을 일부 가지고 있었더라도, 그렇다면 핵산이 먼저 왔는지, 단백질이 먼저 왔는지, 아니면 두 가지가 동시에 진화를 시작했는지는 알 수 없다. 내 개인적인 의견은 핵산이, 그중에서도 RNA가 먼저 등장한 뒤 곧바로 단순한 형태의 단백질이 등장했으리라는 것이다. 내가 볼 때는 이 길이 제일 쉬웠을 것 같지만, 여기에도 해결해야 할 과제는 많다. 당시에 인산은 아마 흔했을 것이다. 그리고 생물 발생 이전 환경에서 제일 흔했던 화학물질 중 하나가 포름알데히드였음을 감안할 때, 질소를 포함하지 않은 리보스 당 분자는 어떤 특수한 조건에서라면 쉽게 만들어졌을 것이다. 반면에 아데닌처럼 질소를 포함한 염기들이 합성되려면 조금 다른 조건이 필요했을 것이다. 게다가 당이 인산과 함께 염기와 정확한 방식으로 결합해야 하는 문제가 있고(부정확한 방식으로도 결합할 수 있기 때문이다), 그 화합물인 뉴클레오티드를 활성화하는 문제도 있다. 어쩌면 인산을 하나나 두 개 더 붙인 다음에 그로부터 두 뉴클레오티드를 잇는 데 필요한 에너지를 공급받았을지도 모른다. 이런 작업을 반복하다 보면 우리가 RNA라고 부르는 사슬형 분자가 만들어진다.

그러나 엇비슷하게 생긴 여러 화합물들이 몽땅 섞여 있는 혼합물 속에서 대체 어떻게 잘못된 분자들이 사슬에 끼어드는 것을 막으면서도 정확하게 합성을 해낼 수 있었을까? 특수한 효소가 존재했다면 또 모르겠지만 말이다. 어쩌면 모종의 무기질이나 아미노산이 무작위로 뭉쳐 만들어진 펩티드peptide가 효소로 기능했을 가능성도 열어둘 수 있지만, 이런 발상은 아직 설득력이 없다. 설령 어느 한 순간에 어떤 한 웅덩이에서 그런 과정이 등장했더라도, 그 결과로 만들어진 산물은 염기 서열이 거의 무작위인 RNA 한 가닥에 불과했을 것이다.

또한 자연선택이 작동하려면 어느 정도 정확한 복사 메커니즘이 있어야 하는데, 이 점에서는 한 줄기 희망이 있다. RNA 중합 반응이 어떤 이유에서든 흔한 편이었다면, 시간이 흘러 결국 오늘날의 단백질 합성에서 보편적으로 쓰이는 tRNA와 비슷한 분자가 만들어졌을지도 모른다. 이런 분자에는 고리 모양의 구조가 있는데, 그곳에서 뉴클레오티드가 쉽게 뭉쳐 잔기residue(분자들이 결합할 때 제거되는 수산화기hydroxy group 등을 제외한 나머지 기를 말한다 — 옮긴이) 세 개짜리 짧은 사슬을 형성했을지도 모른다. 단일 뉴클레오티드보다는 이런 사슬형 분자가 복제 과정의 전구물질precursor로서 훨씬 나았을 것이다.

복제가 자연선택의 유일한 조건이라면 RNA는 가장 유망한 후보다. 복제만 가능해도 계가 어느 정도까지는 발전할 수 있겠지만, 경쟁이 심해지면 그 이상이 필요한 법이다. 머지않아 유전자는 환경에 더 큰 영향을 미치기 위해 다른 일도 할 줄 알아야 하는데, 이 단계에서는 RNA가 이상적이지 않다. RNA도 알맞은 환경에서는 간혹 삼차원 구조를 취하지만, 이것이 촉매로 기능하는 경우는 거의 없다. 어쩌면 수프에 풍부하게 존재했던 작은 유기 분자들이 촉매 역할을 담당했을지도 모른다. 이런 분자들이 삼차원으로 접힌 RNA 분자와 깔끔하게 결합함으로써 일종의 원시적인 '효소'를 이루고, 조잡한 형태로나마 촉매로 활동했을지도 모른다. 지금까지는 어떤 연구자도 이런 개체를 발견하려고 시도하지 않았다.

　　하지만 여기에 더 매력적인 대안이 있다. 리보솜이나 단백질이 없는 상태에서 mRNA와 tRNA만으로 원시적인 단백질 합성계가 시작되었다는 가설이다. 분명 가능성이 있는 가설이지만, 실험적 증거는 아직 없다. 이런 계가 실제로 작동하기만 한다면 우리가 걱정하는 개념적 과제들은 대부분 극복될 것이다. 그래도 몇몇 문제는 남는다. 가령 어떻게 각각의 tRNA 분자가 저마다 '정확한' 아미노산을 끌어오느냐 하는 문제다.

　　일단 RNA 합성과 복제가 시작되었다고 하자. 곧바로 단순한 촉매들이 생성되어, 최초 화학반응들의 속도와 효율성을 높여주었을 것이다. 그때부터 드디어 자연선택이 작용하여 계를 다듬고 발달시켰을 것이다. 이 가설은 매력적이지만 정확한 메커니즘이 세부적으로 제안되거나 실험으로 점검된 사례는 아직 없다.

따라서 우리는 다른 대안도 마땅히 살펴봐야 한다. 우리가 원시 복제자로 추천할 만한 두 번째 후보는 모종의 초기 단백질이다. 이 발상도 제법 매력적이다. 왜냐하면 수프에는 틀림없이 다양한 종류의 아미노산들이 제법 풍부하게 있었을 것이기 때문이다. 손 감기성이 없는 글리신을 제외하고는 모두가 두 가지 손 감기 형태를 반반씩 섞어 가지고 있었을 테지만 말이다. 다만 문제는 핵산의 염기들이 서로 깔끔하게 짝을 짓는 것과는 달리 아미노산들은 그렇지 않다는 점이다. 단백질 이중나선은 아직 발견된 바 없다. 다만 콜라겐(힘줄, 피부, 가죽 등에 있는 단백질)처럼 세 개의 폴리펩티드 사슬이 꼬여서 이룬 삼중나선 형태는 있다. 이때 세 번째 잔기는 반드시 글리신이어야 하는데, 다른 두 위치에 대해서는 반드시 어떤 아미노산이 와야 한다는 명확한 상호작용이 있는 것은 아니다. 더구나 콜라겐은 상당히 규칙적인 구조라서, 촉매로서는 활성이 없을 듯하다.

만약 우리가 네 종류의 아미노산으로 만들어진 단순한 단백질을 사용하여 RNA나 DNA처럼 단순한 복사 과정을 구축할 수만 있다면, 그야말로 대단한 발견이 될 것이다. 실제로 그런 날이 올 때까지는 단백질이 원시 복제자였다는 주장을 유보적으로 받아들여야 한다.

내가 이렇게 말하기는 했지만, 우연한 중합 반응으로 생겨난 프로테이노이드proteinoid(아미노산들이 가열 및 농축되어 자발적으로 폴리펩티드 사슬을 형성함으로써 만들어진 분자로, 단백질과 비슷한 이 분자가 생명의 최초 전구물질이었다는 가설이 있다 — 옮긴이) 분자들이 진정한 복제로 가는 길을 앞서 닦아주었을 가능성도 없지는 않다. 하지만 자연선택이 자유롭게 작동하려면 반드시 진정한 복제 과정이 있어야 한다.

우리는 초기의 복제계가 지금과는 사뭇 다른 형태였을 가능성을 결코 배제할 수 없다. 초기의 계는 너무나 엉성하고 다재다능하지 못한 모습으로 결국 현재의 계에게 밀려났을지도 모른다. 이런 발상을 반박하는 것은 어렵지만, 우리는 초기의 복제계가 핵산과 단백질을 바탕에 둔 현재의 계로 전환된 과정을 머릿속으로나마 그릴 수 있어야 한다. 층상 점토 구조가 어딘가 부족한 모습의 초기 계였을지도 모른다는 의견이 있지만, 그 구조가 어떻게 작동했을지는 자세히 알 수 없다. 아직은 확실한 실험적 증거가 없다.

전체적으로 평가하자면, RNA가 최초의 복제자였다는 생각이 가장 그럴듯하다. 우리가 시험관에서 단백질을 조금도 쓰지 않고서 단순한 복제계를 만들 수만 있다면, 이 가설에 상당히 힘이 실릴 것이다. 미리 조립한 RNA 가닥으로 시작한다면 실험은 좀 더 쉬워질 것이다. 임의의 염기 서열을 지닌 RNA 가닥을 두고 여기에 필수 원재료를 공급함으로써 상보적 가닥을 만들어보는 것이다. 재료로는 네 종류의 아미노산이 모두 있어야 하고, 반응을 추진하는 모종의 화학 에너지도 있어야 한다. 이런 실험은 벌써 진행되고 있지만, 아직까지는 비교적 제한된 성공만을 보여주고 있다. 가장 뛰어난 성과는 레슬리 오겔의 연구진이 거둔 것으로, 폴리C(폴리시티딜산polycytidylic acid, 시토신으로만 구성된 RNA)를 주형으로 삼고 C의 짝인 G의 화학적 활성 형태를 공급한 실험이었다. 아연 이온$_{Zn^{2+}}$(오늘날의 모든 핵산 중합 효소들에 존재하는 이온)이 있을 때, 염기 G들은 천천히 정확하게 연결되어 기다란 폴리G를 형성했다. G가 최대 40개까지 이어진 분자들이 검출되었으며, 더 긴 것들은 그 수가 너무 적어서 현재의 기술로는 검출할 수 없는지도 모른다. 게다가 이 계는 비교적 정확해서 A와 U의 전구물질들이 섞여 있어도 이것들이 사슬의 형성 과정에 끼어드는 오류는 적었다. 시작치고는 유망하지만 이 방법이 쓸모 있으려면 어떤 서열로 나열된 C와 G를 정확하게 상보적으로 복제할 수 있어야 하는데, 아직은 여기에 성공하지 못했다. 말이 나온 김에 언급하자면, 최초의 복제계에 네 가지 염기가 모두 있을 필요는 없다. 두 염기로만 구성된 RNA 서열도 정보를 나를 수 있다. 다만 복제가 잘 이뤄지려면 그 두 가지가 상보적이어야 한다.

이런 어려움을 모두 극복한 계가 있다고 하자. 이 계는 단순할지는 몰라도 잘 다듬어진 상태고, 부자연스러울 정도로 순수하다. 어떻게 원시 지구에서 오직 이런 요소들만 갖고 있는 작은 연못이 생겨났을까? 정말로 그곳에는 다른 물질이 전혀 없었을까? 상상하기 어렵다. 전구물질들이 어떻게 생겨났는지도 정확하게 알 수 없다. 전구물질은 뉴클레오시드 3인산nucleoside triphosphates이 아니었을까 짐작되는데(위에서 소개한 실험이 정확하게 이 화합물을 쓰지는 않았지만), 간단히 설명하자면 염기 하나, 당(리보스) 하나, 인산 세 개가 일렬로 붙은 분자다. 이 세 가지 구성 요소가 원시 지구 이곳저곳에서 각자 생성될 수 있었다고는 하지만, 어떻게 그것들이 조합되었고 다른 분자들과 부분적으로나마 분리되었는지는 짐작하기 어렵다. 비슷하게 생긴 다른 분자들이 있었다면 분명 계를 망칠 수도 있었다. 아직까지는 물, 염, 몇 가지 기체, 자외선 혹은 다른 에너지원으로 구성된 원시 수프를 끓여 깔끔한 RNA 복제계를 탄생시키는 실험에 누구도 성공하지 못했다. 어쩌면 당연한 일이다. 지구 표면의 수많은 장소를 사용했던 자연도 이 실험에 성공하는 데 수백만 년이 걸렸으니 말이다. 기나긴 세월 도중 어쩌다 운 좋게도 모든 조건들이 갖추어졌고, 덕분에 최초로 복제를 시작한 뒤 그 상태를 유지하고 발전할 줄 아는 계가 탄생했던 것이다.

우리는 답이 손에 잡힐듯 말듯 한 상황에 놓여 있다. 한편으로 우리는 지표면에 유기 분자들, 특히 아미노산들이 상당량 공급되었을 것이라고 믿는다. 대부분의 장소에서는 농도가 낮았겠지만 말이다. 그리고 RNA나 DNA의 이중나선을 보면 그것들이 원시적인 복제계의 훌륭한 기반이 되었을 것이라는 짐

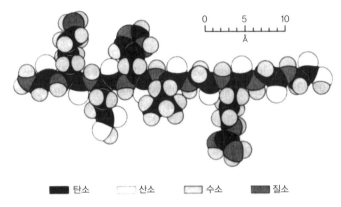

| ■ 탄소 | □ 산소 | □ 수소 | ■ 질소 |

아미노산 9개로 구성된 짧은 폴리펩티드 모형. 사슬의 뼈대는 규칙적이며, 일정한 간격을 두고 곁가지들이 매달려 있다.

작도 든다. 하지만 다른 한편으로 우리는 어떻게 그토록 복잡한 혼합물에서 정교한 계가 생겨났는지를 알지 못한다. 정확히 어떤 요소들과 어떤 단계들이 필요했는지는 더욱더 알기 어렵다. 설령 RNA 복제가 스스로 시작될 수 있다는 것을 증명하더라도, 그다음에는 어떻게 그것이 단순한 형태의 단백질 합성과 결합했는지를 알아내야 한다. 요즘은 이 과정에 대해서 지금 우리가 아는 내용을 바탕으로 몇 가지 추측을 해볼 수는 있다.

사실 우리의 논의에서 정말로 안타까운 점은 따로 있다. 가능성이 낮아 보이는 사건들이 실제 연속적으로 벌어질 확률을 수치로 전혀 표현할 수 없다는 것이다. 이 어려움을 명확하고 생생하게 느껴보기 위해서 다음과 같은 간단한 논증을 펼쳐보

자. 생명 발생이라는 이 드물고 어려운 사건이 어떤 연못이나 웅덩이에서 실제로 벌어졌다고 하자. 아마도 바닷가에 고인 물이었을 것이다. 해안선을 따라서 1킬로미터마다 그런 웅덩이가 있다고 상상해도 좋다. 물론 육지에도 여기저기 흩어져 있었으리라. 그런 장소가 10만 개쯤 있었다고 하자. 훨씬 더 많았을지도 모른다. 또 이렇게 가정하자. 이런 계는 아주 천천히 작동하기 때문에, 생명 발생 조건을 갖추기까지 약 100년이 걸린다고 하자. 그리고 100년 안에 실제로 생명이 발생할 확률을 p라고 하자. p는 어쩌면 10억분의 1이 될지도 모를 만큼 아주 낮다. 하지만 우리에게는 시간이 5억 년쯤 있고 웅덩이가 10만 개쯤 있으므로, 이 경우라면 거의 틀림없이 생명이 시작될 것이다. 그러나 만약에 p가 10억분의 1을 다시 10억으로 나눈 값(10^{18}분의 1)이라면, 생명이 시작될 가능성은 50퍼센트가 안 된다. 만약에 p가 앞의 값을 다시 1,000으로 나눈 값(10^{21}분의 1)이라면, 생명이 이곳에서 시작될 가능성은 대단히 적다. 사실 정확한 수치는 중요하지 않다. 그저 우리가 처한 딜레마를 보여주기 위해서 예를 든 것뿐이다.

우리의 딜레마는 p의 값을 얼마로 잡아야 할지 모른다는 점에서 비롯한다. 우리는 그것이 '작다'는 것만 알 뿐이다. 그렇기 때문에 지구에서 생명의 발생이 대단히 드문 사건이었는지 아니면 반드시 일어나야만 했던 불가피한 사건이었는지를 쉽게 결정할 수 없다. 이따금 후자를 주장하는 목소리가 있지만,

내게는 그런 주장이 공허하게 느껴진다. 직접적인 실험적 증거가 없다면 앞으로도 변함없이 이 상태가 유지될 텐데, 어쩌면 상당히 드문 반응들의 연속이었을지도 모를 사건에 대해서 실험적 증거를 얻기란 쉽지 않다. 생명이 아주 쉽게 시작될 수 있는 경우에만, 즉 미로와도 같은 가능성들을 곧장 헤쳐나아가도록 도와주는 지름길이 존재하는 경우에만, 우리는 가까운 미래에 실험실에서 그 사건을 재현할 수 있을 것이다.

현재까지 밝혀진 지식을 모두 숙지한 사람이 정직하게 내릴 수 있는 결론은 무엇일까? 지금으로서는 생명의 발생이 어떤 면에서든 기적이나 다름없어 보인다는 것이다. 이는 생명이 발생하기 위해서 충족되어야 할 조건이 너무 많기 때문인데, 이 말을 오해하지는 말자. 상당히 평범한 화학반응들이 적절하게 계속 이어졌기 때문에 지구에서 생명이 시작되었을 가능성이 전혀 없다는 뜻은 아니니까.

우리가 분명히 말할 수 있는 사실들은 다음과 같다. 주어진 시간이 대단히 길었다는 것. 지구의 표면에는 다양한 미세 환경들이 있었다는 것. 다양한 화학적 가능성들이 많이 주어졌다는 것. 마지막으로 그토록 오래전에 발생했거나 발생하지 않았던 사건을 정확하게 파헤치기에는 우리의 지식과 상상력이 너무나 미약하다는 것. 더군다나 그 시기에 대한 우리의 발상을 확인해볼 방법이 전혀 없다는 것이다. 언젠가는 우리가 충분한 지식을 쌓아서 근거 있는 추측을 할 수 있을지도 모르지만,

적어도 현재로서는 지구에서 생명의 발생이 대단히 가능성이 낮은 사건이었는지 아니면 필연에 가까운 사건이었는지, 그도 아니면 두 극단 사이에 놓인 어떤 불명확한 가능성이었는지를 결정할 도리가 없다.

가능성 높은 사건이라면 아무 문제가 없다. 그러나 가능성 낮은 사건으로 밝혀진다면, 우리는 생명이 우주의 다른 곳에서 생겨났다는 발상을 고려하지 않을 수 없다. 우주의 다른 곳에는 생명이 발생하기에 더 유리한 조건이 갖추어져 있었을지도 모르기 때문이다.

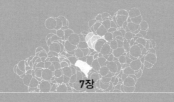

7장

통계의 오류

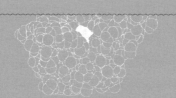

LIFE ITSELF

생명의 탄생은 우연인가, 필연인가

생명의 시작에 얽힌 불확실성에도 불구하고 우리를 포함한 모든 생명이 지금 존재한다는 사실에는 의심의 여지가 없다. 더구나 풍부하게 존재한다. 우리는 주변 어디에서나 생명을 본다. 누군가는 한 번 생겨난 생명은 틀림없이 또다시 생겨날 수 있다고 주장한다. 물론 오늘날 생명이 처음부터 다시 시작될 가능성은 현저히 낮다. 현재의 조건이 생물 발생 이전의 조건과 전혀 다르다는 점을 논외로 하더라도, 지금 새로운 계가 시작된다면 기존 생명계의 구성원들에게 당장 잡아먹힐 가능성이 높기 때문이다.

이런 견해는 비교적 최근의 생각이다. 19세기까지만 해도 사람들은 생명이 아무것도 없는 곳에서 자연 발생할 수 있다고 믿었다. 바로 지금 여기, 늪, 우려낸 물, 썩은 고기, 다른 적당한 장소 등 어디에서든지 말이다. 구더기, 파리, 심지어 쥐가 그렇게 생겨났다고 보고하는 글도 자주 등장했다. 그러나 일찍이 프란체스코 레디Francesco Redi(1626~1697, 이탈리아 의사), 루이 조블로Louis Joblot(1645~1723, 프랑스 생물학자), 라차로 스팔란차니Lazzaro Spallanzani(1729~1799, 이탈리아 생물학자)가 수행한 실험들이 앞의 주장을 의심쩍게 만들었고, 루이 파스퇴르Louis Pasteur(1822~1895, 프랑스 생화학자)의 세심하고 깔끔한 실험 역시 그런 주장이 틀림없이 거짓임을 보여주었다. 파스퇴르는 기발한 기구를 동원하여 반대자들이 떠올릴 만한 반박을 하나하나 조목조목 따지며 제거했다. 그는 멸균한 계에서는 생명의 흔적이 나타날 수 없다는 사실을 의문의 여지없이 보여주었다. 혼합액에 온갖 물질이 풍성하고 적절하게 들어 있어도 그랬고, 심지어 공기가 자유롭게 드나드는 경우라도 공기 중의 미생물이 배양액에 닿지 못하도록 세심하게 막는다면 결국 결과는 같았다.

하지만 지금 우리가 고민하는 문제는 좀 다르다. 만약에 지구가 현재의 시점에서 처음부터 다시 시작한다면(물론 사건들이 완전히 똑같이 반복되지 않도록 약간의 변이는 주어야 할 것이다), 이때에도 생명이 시작되리라고 기대해도 좋을까? 요점에 더 가깝게 표현해보자. 만약에 지구와 비슷한 행성이 다른 곳에 있다면, 그곳에서 생명이 시작될 가능성은 얼마나 될까? 이렇게 묻더라도 사람들은 지구에 생명의 사례가 엄연히 존재하는 것을 보고, 또 자신의 경험을 바탕으로 그런 사건의 발생 가능성은 상당히 높다고 믿을 것이다. 안타깝지만 사람들이 쉽게 빠지는 이런 생각은 논리적으로 틀렸다. 나는 이것을 통계의 오류라 부르고 싶다. 이 논증은 왜 틀렸을까? 무수히 많은 비슷한 가능성 중 하나의 가능성이면서 비교적 잘 정의된 사건의 사례를 떠올려보자. 카드가 훌륭한 예다.

평범한 52장짜리 카드 한 벌이 있다. 카드들을 잘 섞은 뒤, 각각 13장씩 무작위로 구성된 4개의 패로 나누자. 속임수는 전혀 없다. 4개의 패가 어떤 특정한 형태로 분배될 가능성은 얼마일까? 우리가 알아보기 쉬운 형태를 골라도 좋다. 가령 첫 패에는 모두 하트만 있고, 두 번째에는 다이아몬드, 세 번째에는 스페이드, 마지막에는 클럽만 있는 형태라고 하자. 각각의 패에 어떤 카드들이 필요한지를 정확하게 규정하는 것이기 때문에 어떤 형태를 선택하더라도 계산은 달라지지 않는다. 무작위로 섞은 카드들을 거듭 나누었을 때 우리가 정한 형태의 패들이 얼마나 자주 등장할까 하는 계산은 간단하다. 그 가능성은 겨우 5×10^{28}번 중에서 한 번이다. 그런데 우리는 카드를 돌릴 때마다 형태야 어찌 되었든 반드시 네 가지 패의 분포를 갖게 되는데, 이 계산은 그 다른 분포들에게도 똑같이 적용된다. 그 패들 또한 대단히 드문 사건임이 틀림없다. 그런데도 그 패는 버젓이 우리 눈앞에 놓여 있다. 뭔가 잘못된 것이 아닐까?

정말로 잘못된 것은 그 계산이 적용되려면 우리가 어떤 패를 원하는지를 사전에 정해두어야 한다는 점이다. 카드를 먼저 돌리고 난 뒤에 얻은 그 결과가 우리가 바라던 결과였던 척하면 안 된다는 것이다. 물론 일단 한 번 패를 나누어 어떤 조합을 얻은 뒤에는 앞으로 원하는 것이 그 조합이라고 선택할 수는 있다. 그렇다면 우리가 계산한 낮은 확률은 한 번 나왔던 패를 다음에도 얻을 가능성에 해당한다. 다시 패를 나누기 전에 카드를 잘 섞어야 하는 것은 당연한데, 이 논증은 구체적인 패의 형태와 상관없이 늘 적용된다. 5×10^{28}번 중 한 번이라는 수치를 다르게 표현하자면 임의로 조합된 특정한 패들이 연속으로 두 번 나올 가능성이라고도 할 수 있다.

이렇게도 가능하다. 카드들의 특정한 한 가지 조합 자체는 다음에도 똑같은 패들이 나올 가능성에 대해서 사실상 아무것도 말해주지 않는다. 물론 우리 손에 있는 것이 카드 52개짜리 정확한 한 벌임을 확인해주기야 하겠지만, 앞으로의 기회에서 똑같은 조합을 얻을 가능성이 얼마인지는 말해주지 않는다. 우리가 그 가능성을 계산하려면, 이 상황의 모든 변수를 미리 알아야 한다. 우리가 과연 몇 번이나 시도해야 하는지를 미리 알아야 하는 것이다. 그리고 카드라는 한정된 작은 규모에 대해서는 우리가 그런 정보를 안다지만, 생물 발생 이전의 상황은 훨씬 복잡하기 때문에 그런 정보를 알 수가 없다.

문제를 더 복잡하게 만드는 추가 요인도 있다. 두 번째 시도에서도 현재와 동일한 사건이 발생할 확률을 계산하려는 것이 아니라는 점이다. 현재의 생명과 꼭 같지 않아도 제법 비슷하기만 하다면, 어떤 형태이든 생명으로 인정하고 성공으로 간주할 만하다. 다시 카드에 비유해보자. 앞에서는 네 패가 각각 하트, 다이아몬드, 스페이드, 클럽의 순서로 돌려질 경우를 선택했다. 대신 패들의 순서야 어떻든 한 패에 한 무늬만 있으면 모두 성공으로 간주한다고 하자. 이런 사건이 발생할 확률은 앞에서 고려했던 사건보다 24배 더 높다. 조건을 만족시키는 경우의 수가 더 많기 때문이다. 그런데 생명의 기원에서는 이 요인(비슷한 형태의 다른 생명의 가짓수) 역시 알려지지 않은 상태라서 불확실성이 가중된다.

이 문제의 마지막 난점은 생명 기원 문제의 근원이라고도 할 수 있다. 설령 특정한 한 시기에 특정한 한 장소에서 생명이 시작될 확률이 지극히 낮았더라도, 지구에는 생명이 출현 가능한 장소가 굉장히 많았고 주어진 시간도 너무나 길었다. 그러므로 앞서 말한 요인들이 지극히 낮은 생명 발생률을 억누르는 데 실패하는 경우가 절대로 없다고는 할 수 없다. 하나의 드문 사건이 거의 확실한 필연으로 바뀌는 경우가 전혀 없다고는 장담할 수 없는 것처럼 말이다. 그러나 잠시만 생각해보면 알 수 있듯이, 이런 결론에도 사실적인 근거는 없다. 앞 장에서 이야기했듯이 전체 확률은 계산에 연관된 여러 변수들의 값이 실제로 얼마이냐에 따라서 어떤 값이든 다 가능하기 때문이다.

통계의 오류가 우리에게 잘 적용되는 이유가 하나 더 있다.

만약에 생명이 어떤 방식으로든 지구에 등장하지 않았다면 우리가 지금 여기에서 이 문제를 고민할 수 없다는 점이다. 우리가 여기에 있다는 사실 자체가 실제로 언젠가 생명이 시작되었다는 사실을 증명한다. 그 때문에라도 우리는 이 사실을 하나의 근거로서 계산에 끌어들여서는 안 된다.

확률을 논하는 것은 인간의 마음에 존재하는 본질적인 한계와 직면하는 일이다. 인간은 하나의 사례를 일반화하려는 경향이 강하다. 다른 동물들도 마찬가지일 것이다. 흥미롭게도 우리는 이런 오류를 미신이라고 부른다. 미신에는 확률적 오류 외에도 감정적 요소들이 다수 작용하지만 말이다.

또한 우리는 아주 큰 수를 헤아리는 일을 잘하지 못한다. 그렇기에 아주 작은 수를 아주 큰 수와 곱해서 나온 결과가 우리에게 편한 값일 때, 즉 1에 가까운 확률일 때 우리는 매우 만족한다. 현실에서는 확실성이 우리의 손을 벗어날 때가 많지만, 그래도 우리는 확실성을 친근하게 느낀다. 이 심리적인 장애물(이런 경향이 진화 과정에서 아무리 유용했더라도, 과학적 문제에서는 틀림없이 장애물이다)을 극복하는 길은 하나뿐이다. 논증을 냉정하고 명료하게 구축하는 것이다. 사업, 정치, 개인의 생활에서는 '본능적 반응'이 유용할 수 있다. 자기 자신의 경험이든 유전자로 표현된 선조들의 경험이든, 과거의 경험을 무의식적으로 일반화하여 드러내는 반응이기 때문이다.

하지만 생명의 기원 문제에서는 우리에게 길잡이가 되어줄 만한 경험이라는 것이 사실상 존재하지 않는다. 따라서 본능적 반응은 피상적이고 오도하는 것이기 쉽다. 더구나 생명이 다른 곳에서 독자적으로 진화했을 가능성을 따져볼 때는 더욱더 쓸모가 없다. 우리는 태양계의 행성들에 대해서 아는 바가 많지 않고, 다른 별을 도는 행성들에 대해서도 몇몇 간접적인 추측 외에는 아는 바가 없기 때문이다. 어쩌면 우주에는 생명이 생겨나기에 적합한 장소가 많을지도 모른다. 그중 일부는 지구보다 더 좋은 조건을 갖추고 있을 수도 있다. 그렇다면 이제 다음의 문제를 살펴보자.

8장

다른 적합한 행성들

LIFE ITSELF

생명에 적합한 또 다른 행성의 존재

우리의 주된 관심사는 우리가 여기 지구에서 보고 만나는 형태의 생명, 즉 물에 녹은 탄소 화합물을 기반으로 하는 생명이다. 우리 앞에는 엄청나게 방대한 우주가 있다. 우주는 대체로 텅 비어 있지만, 간간이 우리와 비슷한 생명 형태에 적합할 것 같은 특별한 장소들이 있다. 그런 장소는 얼마나 많을까?

가장 큰 제약은 액체인 물이 있어야 한다는 점이다. 물은 상당히 흔한 화합물이지만, 온도가 너무 낮아서 얼음인 고체로만 존재하는 환경은 안 되고, 온도가 너무 높아서 몽땅 증발하는 환경도 안 된다. 이 온도 범위를 이른바 절대온도라는 켈빈K 단위로 표현해보면 문제는 더 명확해진다. 절대온도는 보통의 섭씨온도를 바탕으로 한다. 섭씨온도는 표준 대기압에서 순수한 물의 어는점이 0도고 끓는점은 100도라고 규정한 척도다. 절대온도에서도 그 차이가 여전히 100도지만 이때 0도는 절대 0도로 정한다. 대충 설명하자면 절대 0도는 모든 무작위 운동이 멈추는 온도다. 절대온도 척도에서는 물이 약 273K에서 얼고, 그보다 100도 높은 약 373K에서 끓는다. 이 온도들을 황량한 우주의 냉랭함과 비교해보자. 우주 공간의 온도는 4K쯤이니, 절대 0도에서 아주 약간 더 높다. 한편 태양의 표면은 5,000K쯤이다. 우리에게 필요한 온도는 300K 범위이므로, 이런 온도가 가능한 장소는 별과 상당히 가깝지만 그렇다고 너무 가깝지는 않은 지점일 것이다. 우주의 대부분은 텅 비었을 뿐만 아니라 대단히 춥다. 덧붙이자면 위의 단순한 추론은 물 위의 기압이 지표면의 대기압과 비슷하다고 가정한 것이다. 압력이 더 높다면 조금 더 높은 온도에서도 물이 존재할 수 있지만 압력에 따른 온도 범위의 변화는 상당히 제한된 편이다.

또 다른 중요한 조건은 물 분자가 우주로 날아가버리면 안된다는 점이다. 어떤 온도와 압력에서든 수면 위의 대기에는 수증기가 언제나 조금은 있다. 중력이 엄청나게 강하지 않은 이상, 아주 가끔 일부 수증기 분자들이 열운동으로 인해 충분한 속력을 얻게 되어 위로 날아갈 것이다. 아예 우주로 탈출할 수도 있다. 지구에서 발사된 로켓이 지구를 벗어날 수 있는 탈출속도는 초속 11킬로미터인 데 반해, 실온에서 물 분자의 평균속도는 음속보다 약간 빠른 초속 0.3킬로미터다. 다시 말하지만 이것은 평균일 뿐이다. 분자 중 상당수는 이보다 훨씬 빨리 움직일 것이고 온도가 높으면 더 그럴 것이다. 하지만 평균 속도와 탈출속도 사이의 여유 범위가 상당히 넓으므로 H_2O나 O_2, N_2 같은 분자 중에서 우주로 탈출하는 수는 적은 편이다. H_2처럼 가벼운 분자는 훨씬 더 빨리 움직이는데, 더 크고 무거운 분자들이 이런 작은 분자들을 세게 밀치기 때문이다(H₂의 질량은 2, H₂O는 18, N₂는 28이다). 따라서 분자나 원자 상태의 수소는 끊임없이 대기 밖으로 밀려나간다. 달에서는 어떨까? 달은 크기가 제법 되지만 질량이 작아서 이런 흔한 기체들을 오래 붙잡고 있지 못했다. 이런 이유로 과거 달에 있었을지도 모르는 대기는 수백만 년이 흐르면서 모두 사라졌다.

행성의 대기를 자세히 살펴보자. 이것은 생각보다 복잡한 문제다. 행성의 대기는 중심별(모항성)에서 받는 에너지량과 그 종류 그리고 중심별과의 거리에 달려 있다. 행성 표면이나 구름에서 반사되는 에너지량(눈이나 얼음은 밭이나 숲보다 더 많은 양을 반사한다)과 대기의 분자 조성도 영향을 미치는데, 예를 들어 대기에 CO_2가 너무 많으면 행성에서 반사된 열을 다시 가두는 '온실효과'가 발생한다. 그러나 이런 세부 사항들을 모두 제외하고 최소한의 조건만 따지면, 행성은 적어도 지구와 엇비슷한 크기 이상이어야 하고 중심별로부터 거리가 적당해야 한다. 너무 뜨겁지도 차갑지도 않은 거리여야 한다. 수성처럼 너무 뜨거워도 안 되고, 목성처럼 너무 먼 나머지 열 공급원이 없어 차가워서도 안 된다.

·············· 8장 다른 적합한 행성들

별의 종류에도 제약이 있다. 별이 핵연료를 사용하는 속도
는 각각의 질량에 따라 다르다. 육중한 별은 연료를 빠르게 소
비하기 때문에 아주 뜨겁고 주변 공간으로 엄청난 에너지를
복사한다. 이런 별을 도는 행성에 액체인 물이 있으려면, 그
행성과 별의 거리는 지구와 태양 사이의 거리보다 더 멀어야
한다. 이것 자체는 별로 문제가 되지 않지만, 문제는 별이 빛
과 열을 내뿜는 기간이 상대적으로 짧다는 점이다. 육중한 별
은 수명이 1,000만 년도 안 될 수 있는데, 이는 생명이 어느 정
도 진화하기에는 부족한 시간이다. 대조적으로 우리 태양은
40억 년 넘게 착실히 복사를 내뿜어왔고, 앞으로도 그만큼 더
그럴 것이다.

질량이 태양보다 현저히 작은 별도 문제가 있다. 이런 별은
아주 오랫동안 빛을 내므로 생명이 진화할 시간은 충분하다.
이런 작은 별은 상대적으로 에너지를 덜 방출할 테니, 그 별을
도는 행성이 생명의 진화에 적합하려면 별과의 거리는 지구와
태양 사이의 거리보다 가까워야 한다. 따라서 우리가 원하는
조건을 갖출 만한 거리의 범위가 비교적 좁다. 그보다 조금이
라도 더 가깝다면 행성이 너무 뜨거워서 물은 다 증발할 것이
고, 그보다 조금이라도 더 멀다면 물은 전부 얼어버릴 것이다.
한마디로 태양보다 작은 별에도 적합한 행성이 있을 수는 있
지만, 정확한 조건을 갖추는 것이 더 어렵기 때문에 그 수는 많
지 않을 것이다. 우리 태양계만 보더라도 알 수 있듯이, 태양이

라는 하나의 별도 그 범위가 결코 넓지만은 않아서, 적절한 위치에 자리한 행성이 있는 행성계는 드물 것이다.

요약해보자. 우리가 찾는 별은 너무 크면 안 된다. 그러면 수명이 너무 짧다. 너무 작아서도 안 된다. 그러면 적합한 행성이 존재할 가능성이 너무 낮다. 다행스러운 점은 우리 태양이 비교적 평범한 별이라는 사실이다. 따라서 우주에는 적합한 크기의 별이 많다. 그렇다면 우리의 다음 질문은 앞의 조건을 충족하는 별에 그 주변을 도는 행성이 있느냐 없느냐 하는 것이다.

지난 십여 년의 우주 탐사로 새로운 실험적 증거가 많이 쌓였지만, 태양계의 기원에 대해서는 정설로 인정되는 이론이 없다. 20세기 초 과학자들은 태양이 다른 별에 가까이 접근하는 과정에서 태양으로부터 길게 끌려나온 물질들이 결국에는 태양계를 형성했다고 보았다. 이런 사건은 아주 드물기 때문에 행성계를 거느린 별도 많지는 않을 것이다. 하지만 이론적으로 자세히 따져보니 앞의 사건에서는 우리가 아는 형태의 행성들이 탄생하기 힘들다는 결론이 나왔다. 최근에는 태양계의 기원을 태양의 기원과 묶어보는 가설도 등장했는데, 가설에 따르면 태양은 천천히 자전하던 먼지와 기체 구름이 중력에 의해 뭉쳐지면서 만들어졌다. 구름의 자전속도가 빨라지면서 각운동량 보존법칙law of conservation of angular momentum(간단히 설명하면 닫힌계에서 스핀, 즉 회전의 총량이 일정하게 유지된다는 뜻이다)에 따라 계의 지름이 좁아졌다는 것이다. 자전 때문에 물질은 평평한 원반 모양이 되었고, 이것이 역시 중력에 의해 더욱 응집하여 행성들을 낳았다. 그 정확한 과정(가령 이런 형태의 계가 시작되기 위해서 초신성 폭발이 필요했는가 하는 문제)이 아직 밝혀지지 않았기 때문에 이론만 가지고는 행성계가 흔한지 아닌지를 확실하게 결론지을 수 없지만, 아마도 흔할 것으로 보인다. 이제는 실험적 증거를 찾아볼 차례다.

실험적 증거는 몹시 빈약하다. 행성들은 너무나 작고 이들이 중심별의 빛을 반사하여 내는 빛은 안타깝지만 너무도 희미하기 때문에 지구와 가까운 별을 도는 행성이라도 우리가 직접 그 빛을 관찰할 수는 없다. 그런데 큰 행성이라면 중심별의 궤도에도 약간 영향을 미칠 것이다. 두 천체가 공통의 무게중심을 두고서 서로를 회전할 것이다. 조건만 적절하다면 우리는 별의 그런 움직임을 감지할 수 있을지도 모른다. 실제로 그런 흔들림을 감지했다고 주장하는 사례가 있었지만 그것이 실험 오차일지도 모른다는 의구심이 남아 있다. 행성으로 인한 별의 움직임은 워낙 작을 것으로 모두가 예상하기 때문이다.

이 문제는 더 이상 가망이 없을까? 정말로 그렇다면, 우리는 더 새롭고 향상된 감지 기법이 발명되기를 가만히 앉아서 기다리는 수밖에 없다. 하지만 단서가 될지도 모르는 현상들 중에서 비교적 관찰하기 쉬운 결과가 하나 있다. 우리 태양계의 각운동량 분포는 좀 이상하다. 대부분의 스핀은 행성들에게 부여되어 있고, 태양에는 거의 없다. 어쩌면 원시 태양은 지금보다 훨씬 더 빨리 자전했을지도 모르고, 주변의 먼지구름은 지금보다 더 느리게 돌았을지도 모른다. 그러다가 모종의 메커니즘에 의해 스핀이 태양에서 먼지구름으로 전달되었고(이 메커니즘에 대해서는 구체적인 의견들이 제시되었다), 그리하여 태양은 더 느리게, 먼지구름은 더 빨리 돌게 되었을지도 모른다.

다행스럽게도 우리는 대부분의 별이 가지는 자전속도를 측정할 수 있는데 별빛을 세심하게 연구하면 된다. 자전하는 별은 그 가장자리가 한쪽은 우리에게 다가오는 방향으로 움직이고 다른 쪽은 우리로부터 멀어지는 방향으로 움직이므로, 도플러 효과Doppler effect에 따라서 우리에게 도달하는 별빛의 주파수도 바뀐다. 실험으로 밝혀진 바에 따르면, 태양만 한 별들은 크게 두 종류로 나뉜다. 어떤 별들은 자전속도가 빠른데, 최초에 별이 형성된 방식을 떠올려 보면 충분히 그럴 만하다. 반면에 어떤 별들은 훨씬 더 느린데, 그 이유는 행성계를 거느리고 있기 때문일까? 이 추론이 옳다면, 우주에는 행성이 상당히 흔할 것이다.

안타깝게도 우리가 행성의 존재에 대해서 가지고 있는 증거는 이것뿐이다. 과학자들은 둘 이상의 서로 다른 추론들이 같은 결론을 도출할 때 안도하는데, 지금 우리에게는 하나의 추론만 있다. 이런 결론은 유보하는 자세로 받아들여야 하는 법이다. 하지만 이런 단서가 붙더라도 별의 회전에 대한 직접적인 증거는 신빙성이 높다고 인정할 수밖에 없다. 자전이 느린 별에는 행성이 존재할 것이라는 추론도 신빙성이 있으며, 별과 행성의 형성에 관한 이론들과도 대치되지 않는다. 모든 점을 고려할 때 행성의 존재는 대단히 드물기보다는 상당히 흔한 편에 가까울 것이다.

행성계의 존재 가능성을 논할 때 고려할 요인이 또 있다. 별빛을 자세히 연구하여 별의 자전을 감지하는 것과 비슷한 방식으로 쌍성을 감지할 수 있는데, 쌍성이란 가까운 거리에 있는 두 별이 서로에게 중력을 미쳐 서로가 서로를 도는 궤도에 묶여 있는 것이다. 두 별의 크기나 종류가 반드시 같을 필요는 없다. 실제로도 서로 다를 때가 많다. 알고 보니 이런 다중성多重星계는 상당히 흔해서 예외라기보다 기본에 가깝다.

서로를 도는 쌍성에게 그 주변을 도는 행성계가 있다고 가정하자. 이 행성계는 우리처럼 중심별이 하나인 행성계보다 불안정할 것이다. 두 별이 행성에 미치는 중력이 둘 중 어떤 하나의 별의 중력과 거의 비슷할 정도로 쌍성이 서로 가깝다면 행성의 궤도는 교란될 것이다. 행성이 가끔은 이 별에 더 가깝고 나중에는 저 별에 더 가까울 것이기 때문이다. 행성이 받는 에너지가 주기적으로 변할 것이고, 행성들끼리 충돌할 위험도 커질 것이다. 고등 생물체가 진화하려면 아마도 안정된 조건이 오랫동안 유지되어야 할 텐데, 쌍성 주변을 도는 행성계에서는 그런 조건이 쉽게 갖추어지지 않을 것이다. 따라서 설령 쌍성에 행성이 많이 있더라도 그곳은 생명 진화에 이상적이지 않을 것이다. 물론 약간의 변화는 좋을 수도 있다. 진화를 진부한 궤도에서 끌어내는 역할을 할지도 모른다. 하지만 두 행성이 아예 충돌하는 상황이라면 생명이 살아남을 것 같지 않다.

이제 남은 문제는 행성의 대기다. 논의를 넓혀서 태양계 밖 외계 행성들까지 아우르자. 앞에서 살펴보았듯이, 지구의 초기 대기가 어땠는지를 알아내기란 쉽지 않다. 하물며 별의 크기, 행성의 크기, 별과 행성의 거리를 모두 모를 때는 더 어렵다. 태양계 행성들 중에서 금성은 지구와 조금 비슷하다. 지구보 다 태양에 좀 더 가깝고 조금 더 작다. 하지만 대기는 전혀 다 르다. 금성의 대기는 아주 뜨겁고, 표면 기압이 지구 대기압의 100배가 넘을 정도로 밀도가 아주 높고, 주로 CO_2로 이루어져 있다. 높은 CO_2 농도로 온실효과가 발생하여 우주로 빠져나가 려는 복사를 가둔다. 게다가 우리보다 태양 에너지를 더 많이 받기 때문에 온도가 약 720K까지 올라간다. 대기 중에 CO_2가 많은 것도 이 높은 온도 때문이다. 이런 고온에서는 바위 속 탄 산염carbonate이 일부 증발할 수 있다. 지구에도 탄산염은 풍부 한데, 온도가 적당히 낮기 때문에 대부분 고체로 남아 있거나 바다에 녹아 있는 것이다. 한마디로 행성들의 조건에는 차이가 미미해도 대기에는 큰 차이가 빚어질 수 있는 것이다.

어쩌면 지구보다 더 육중하고 별과의 거리가 더 멀면서도 표면에 액체인 물을 간직한 행성이 발견될지도 모른다. 행성 이 충분히 무겁다면 목성 같은 태양계의 외행성들처럼 먼지구름에 풍부하게 존재했던 수소가 행성에 고스란히 남아 있거나, 사라지더라도 더 천천히 사라질 것이다. 그 결과 환원성 대기가 되어 훌륭하고 '맛있는' 수프가 존재할 수 있는 유리한 조건을 갖추게 될 것이다. 따라서 우리 지구보다 생명의 발생에 더 적합한 장소가 우주에 있을 가능성도 없지 않다.

지구는 별을 도는 평범한 행성으로 보이지만, 지구만의 어떤 특별한 속성이 생명의 기원에 유독 유리하게 작용했을 가능성도 배제할 수 없다. 한 가지 언급할 만한 사례는 달(위성)이다. 태양계의 행성들에는 위성이 흔하다. 그런데 지구가 다른 행성들과 같았다면, 지금 하늘에서 빛나는 하나의 달 대신 여러 개의 위성들을 지녔을 것이다. 달의 기원은 아직 확실하게 알려지지 않았지만, 달이 지구에서 떨어져나갔을 가능성은 낮다. 그렇다면 달은 지구와 함께 형성되었을까? 아니면 태양계 다른 곳에서 형성된 뒤에 나중에 지구에 붙잡혀 왔을까? 어쩌면 그 과정에서 지금의 달이 예전에 존재했던 더 작은 위성들과 합쳐졌을지도 모른다.

달의 형성 과정이 어찌 되었든 초기에는 달이 지구와 더 가까웠을지도 모른다. 달은 지구에 조수를 일으킨다. 어쩌면 그 마찰 때문에 오늘날보다 더 빨랐던 당시 지구의 자전속도가 느려졌을 것이고, 달과 지구가 서로의 움직임에 영향을 미치자 달의 궤도는 서서히 넓어졌을 것이다. 달이 지구에 더 가까웠을 때는 조수의 차도 더 컸을텐데 이 차이의 정도는 달의 형성 방식과 궤도 변경 방식에 달려 있다. 어쩌면 달이 지금과는 반대 방향으로 돌면서 궤도에 붙잡혔다가, 궤도가 서서히 좁아지면서 현재의 방향으로 바뀌었을지도 모른다. 어쩌면 그 과정에서 지구의 극 위를 지나갔을지도 모른다. 정말로 그랬다면 당시에는 조수의 차가 대단히 컸을 테고, 그 때문에 갖가지 효과가 발생했을 것이다. 그런 효과가 없었다면 지표면의 물 위에는 탄화수소hydrocarbon가 두껍게 덮여 있었을지도 모른다. 초기의 조수 현상이 물과 물질을 휘저어 섞었기 때문에 원시세포의 발생에 좀 더 유리한 환경이 만들어졌을지도 모른다. 조수가 그렇게 컸다면 바닷가 웅덩이들은 흠뻑 젖었다가 완전히 마르기를 끊임없이 반복했을 것이다. 이 또한 생물 발생 이전 합성에 유리한 조건이었을지도 모른다. 일반적으로 높은 조수는 물질을 이리저리 사방으로 움직임으로써 원시 지구의 표면에 더 많은 다양성을 만들었을 것이다.

좀 더 미묘한 효과를 내는 또 다른 요인은 대륙이동이다. 지구의 지표면은 여러 판들로 구성되어 있는데, 이 판들은 끊임없이 움직인다. 만약 지구가 판구조가 아니었다면 산맥은 형성되지 않았을 것이다. 그저 쉴 새 없는 풍화작용으로 땅이 침식되었을 것이고, 오늘날 강물이 바다로 흙을 실어 나르듯이 계속 파편이 휩쓸려나가 결국에는 모든 땅이 바다 밑으로 잠겼을 것이다. 그래도 생명이 발생하지 말란 법은 없지만 아주 이른 시점에 그렇게 되었다면 생명의 탄생은 더 어려웠을 것이다. 설령 비교적 후대에 그렇게 되었더라도 고등 생물체는 지금과 꽤 다르게 진화했을 것이다. 물이 없는 환경에서 현대 과학이 등장했을 가능성은 쉽게 상상하기 어렵다. 물론 불가능하다고 단언하는 것도 성급한 일이다.

산맥이 형성되려면 지구 내부는 유동적이어야 한다. 그리고 지표면에서 가까운 암석들이 충분히 유연하여 어느 정도 빠르게 우그러질 수 있어야 한다. 이런 조건은 현재에도 갖추어져 있는데, 이는 지구 내부가 태양의 표면만큼 뜨겁기 때문이다. 이 온도는 암석의 방사능에 달려 있는데 그중에서도 특히 우라늄, 토륨, 칼륨 동위원소가 중요하다. 방사성 동위원소들이 바위에서 차지하는 비율은 그다지 크지 않지만, 지구는 엄청나게 많은 물질로 이루어져 있기 때문에 그 총량은 상당하다. 게다가 방사성 붕괴에서 나오는 에너지는 상대적으로 큰 편이다. 이 열은 지구가 응집될 때 발생했다가 현재까지 남아 있는 열과 함께 두껍고 열전도율이 낮은 지각 밑에 가두어져 있다. 지각의 뛰어난 단열 효과 덕분에 지구 내부는 열이 조금만 공급되어도 높은 온도를 유지한다.

이런 복잡한 요인들을 모두 염두에 두면서 이제 거시적인 관점에서 행성의 존재 가능성을 계산해보자. 표면에 유기 화합물의 수용액을 갖고 있는 행성이 우리 은하에 몇 개나 있을까? 생명이 발생할 만한 묽은 수프를 갖고 있는 행성은 몇이나 될까? 우리 은하에는 갖가지 종류의 별들이 약 10^{11}(1,000억)개 있다. 이 중 일부만이 적당한 크기일 것이고, 그중에서도 또 아주 작은 일부는 쌍성이 아닐 것이다. 두 조건을 모두 충족하는 별은 대략 100개 중 하나 꼴일지도 모른다. 그렇다면 10^9개의 별이 후보로 남는다. 이 중 대체로 적절한 조건의 행성계를 거느린 별이 10분의 1이라고 가정하면, 10^8개가 남는다. 이 중 얼마나 많은 별에 크기도 거리도 적당한 행성이 존재할지를 짐작하는 것은 좀 더 까다롭지만, 대충 100분의 1이라고 보면 적당하다. 그렇다면 생명이 시작되기를 기다리는 묽은 유기물 수프와 같은 바다를 간직한 행성이 우리 은하에 100만 개쯤 있는 셈이다.

이것은 아주 대략적인 계산이다. 따라서 각각의 수치에 대한 논쟁의 여지가 충분하다. 100만 개라는 추정치는 너무 낮을 수도 있다. 그러나 거꾸로 이것이 너무 높은 수치일 가능성은 믿기 어렵다. 달리 말해 이것이 실제보다 엄청나게 더 큰 추정치라서 현실에서는 지구와 비슷한 행성이 은하에 존재하지 않을 가능성을 믿기 힘들다. 정말로 그러려면 우리의 추정치가 실제보다 적어도 100만 배는 더 커야 한다. 물론 우리가 행성계에 대해 완전히 잘못 알고 있을 수도 있다. 어쩌면 행성계는 극단적으로 드물지도 모른다. 그렇다면 태양과 비슷한 별들의 자전이 느린 것은 뭔가 다른 이유 때문일 것이다. 또 어쩌면 우리가 간과한 다른 미묘한 조건이 있을지도 모른다. 그래서 설령 행성계가 흔하더라도 지구는 그중에서 또 신기하고, 희귀한 존재가 될지도 모른다. 우리는 직접적인 실험적 증거가 부족하기 때문에 이런 가벼운 추측에 큰 흠이 없다고는 확신할 수 없다. 작은 오류는 상관없다. 우리의 추정치가 실제보다 약 백 배더 크다고 한들, 여전히 은하에는 적합한 행성이 1만 개 정도 있을 테니 말이다. 근거가 부족하지만 우리가 합리적으로 내릴수 있는 결론은 하나뿐이다. 어쨌든 적합한 수프를 지닌 행성이 우리 은하 내에도 제법 흔할 것이라는 결론이다.

하지만 그런 행성들이 서로 가까이 있을 것이라는 뜻은 아니다. 만일 그런 행성이 100만 개 있다면, 그들 간의 평균 거리는 수백 광년일 것이다. 1만 개라면 거리는 열 배쯤 더 멀어질 것이다. 물론 우리의 추정치가 다소 보수적이고 매우 낮을 가능성은 있는데, 그 경우에는 행성들 간의 거리가 최소 10광년으로 줄어들지도 모른다. 하지만 그렇게까지 거리가 짧을 가능성은 대단히 낮다. 게다가 그렇게 짧은 거리라도 광속의 100분의 1로 달리는 우주선을 타고 간다면 족히 1천 년은 걸린다.

9장

고등 문명들

LIFE ITSELF

～

그들이 생존 투쟁에서 살아남은 이유

생명계 건설의 원재료로 기능할 만한 유기 분자들의 수용액을 표면에 갖고 있는 행성은 지구를 제외하고도 우리 은하에 많을 것이다. 생명 탄생에 적합한 유기물들을 다수 포함하고 있는 수프에서 합리적인 시간(약 10억 년)이 흐른 뒤를 생각해보자. 원시적인 생명계가 탄생할지, 아니면 생명의 발생이 대단히 희귀한 사건이라서 그런 수프의 대부분이 언제까지나 생명이 없는 상태에 머무를지 우리는 그 어떤 것도 분명하게 말할수 없다. 하지만 이 논의는 잠시 제쳐두고, 이 장에서는 다른 문제를 살펴보자.

어떤 단순한 복제계가 그럭저럭 굴러가기 시작했다고 하자. 이 계가 우리와 비슷한 수준까지 진화할 가능성은 얼마나 될까?

지구의 진화를 단계별로 살펴보면 이상한 점 하나가 눈에 띄는데, 단순한 생물체일수록 진화에 더 오랜 시간이 걸렸다는 점이다. 우리가 현재 확인할 수 있는 생명의 자취로 가장 오래된 것은 약 36억 년 전의 바위에 남아 있는 것이다. 다세포 생물은 약 14억 년 전에 등장했고, 단단한 몸통을 지닌 단순한 동물들이 화석 기록에서 등장한 것도 불과 6억 년 전이다. 이 책의 앞부분에 실린 도표에 이런 사건들이 표기되어 있으니 참고하라.

앞으로의 연구에서는 어쩌면 단세포 동물의 등장이 36억 년보다 더 이전으로, 즉 우리가 알고 있는 것보다 훨씬 더 빨랐다고 밝혀질지도 모른다. 그렇다면 가장 까다로운 단계인 세포 이전의 진화에 주어진 시간은 10억 년이 못 되었고 심지어 훨씬 더 짧았을 수도 있다. 이에 반해, 단세포 생물이 그다음 결정적인 단계를 밟기까지 소요한 시간은 약 20억 년이다. 어쩌면 약간 더 길었을지도 모른다. 이후 진화는 속도를 높였다. 최초의 포유류는 불과 2억 년 전에 등장했고, 초기의 포유류가 여러 형태로 여기저기 흩어지며 오늘날 우리가 보는 대부분의 동물을 만들어낸 것은 불과 600만 년 전이다.

진화에 있어 제일 결정적인 단계는 진핵생물eukaryote의 등장이었다. 진핵생물이란 진정한 핵이 있고, 유사분열mitosis을 겪으며, 세포질에 사립체, 즉 미토콘드리아mitochondria가 들어 있어 에너지를 공급해주는 생물을 말한다. 식물은 또 엽록체를 획득하여 광합성을 하게 되었다. 이런 발달은 고등 동식물의 진화에 결정적 요인으로 작용했다. 이 단계를 겪지 않은 세균과 남조류blue-green algae는 지금도 상대적으로 매우 단순한 형태에만 머무르고 있다. 물론 그것들도 변화하는 환경에 나름대로 잘 적응한 것이다.

우리는 이런 발달이 얼마나 어려운지 확실하게 알 수는 없다. 과학자들은 우리 세포 속의 미토콘드리아가 원래는 자유생활을 하던 다른 미생물의 후손일 것이라고 강하게 추측한다. 미생물이 다른 세포를 감염시켰다가 결국 그 속에서 공생하는 법을 익혔다는 것이다. 어쩌면 세포가 운동성을 획득하고 그와 더불어 영양소 입자나 다른 생물체를 삼키는 능력인 식균작용phagocytosis을 하게 된 것이 결정적인 단계였을지도 모른다. 어쨌든 이런 결정적인 발달이 벌어지는 데는 상당히 오랜 시간이 걸렸다. 이는 곧 이런 사건의 발생이 대단히 드물다는 것을 뜻한다. 이 엄청난 발전이 벌어질 확률이 실제의 절반에 불과했다면, 지구 역사의 후반에 와서도 이 위대한 사건은 영영 벌어지지 않았을지도 모른다. 그랬다면 오늘날의 지구에 세균과 조류만 들끓을 뿐 다른 생물은 없었을 것이다.

이런 논증을 진화의 모든 단계에 적용해도 되는 것은 아니다. 일단 근육과 신경을 지닌 원시 동물이 등장하고 그 동물에게 신속한 진화에 필요한 분자적 메커니즘이 잘 갖추어져 있다면 틀림없이 그 동물은 시각계visual system를 발달시킬 것이다. 동물이 앞을 볼 수 있다는 것은 상당한 선택적 이득이기 때문이다. 실제 진화에서는 적어도 세 차례 독립적으로 시각이 발달했다. 한 번은 곤충에서, 또 한 번은 오징어나 문어 같은 연체동물에서, 그리고 또 어류, 양서류, 파충류, 조류, 포유류 같은 척추동물에서였다. 진화 역사에서 독립적으로 여러 차례 벌어진 사건이라면 이것을 대단히 드문 사건으로 볼 수는 없다. 그저 운이 좋아서 발생했다고 볼 만한 단계, 즉 다른 장소에서 벌어진 다른 사건과 비슷한 과정에 의존하지 않았으리라고 볼 만한 단계는 단 한 번만 벌어진 사건, 그중에서도 특히 시간이 오래 걸린 사건이어야 한다.

그런 우연한 단계가 정확히 몇 번이나 있었을지는 결정하기 어렵다. 이 점에 대해서는 공룡의 멸종을 예로 들어 이야기하려 한다. 약 6,000만 년 전, 당시 육지를 지배했던 척추동물인 공룡들이 갑자기 멸종했다. 더불어 다른 수많은 동식물 종도 멸종했다. 물리학자인 루이스 앨버레즈Luis Alvarez는 아들 그리고 동료들과 함께 그 시대에 점토층이 얇게 퇴적되었다는 사실을 알아차렸다. 분석 결과 그 점토층은 동위원소 조성이 특이했다. 바나듐vanadium 함량이 유달리 높았던 것이다. 그들은 멀찌감치 떨어진 세 장소를 조사했는데, 세 군데 모두에서 그런 점토층이 확인되었다. 이는 어떤 지구적인 사건에 의해 생겨난 현상이 분명했다. 그런데 그 동위원소 조성은 우주에서 지구로 들어온 어떤 물질의 조성과 흡사했고, 이에 따라 앨버레즈 부자는 지름 약 10킬로미터의 소행성이 지구와 충돌했다는 가설을 제안했다. 그 충돌로 엄청나게 큰 구멍이 파였고 엄청난 양의 물질이 대기로 솟구쳐 올랐다는 것이다. 물질들은 바람을 타고 온 지구로 퍼졌으며, 그것이 먹구름처럼 햇빛을 가로막았다가 몇 년이 흐른 뒤에야 가까스로 미세한 먼지 입자까지 다 가라앉았다는 것이다(비슷한 예로 1883년, 대형 화산 폭발로 인도네시아 순다 해협에서 크라카타우 섬이 솟아오른 사건을 들 수 있다. 크라카타우에서 화산이 폭발한 뒤 몇 년 동안 전 세계에서 놀랍도록 아름다운 일몰을 볼 수 있었는데, 대기에 먼지 입자가 많았기 때문이다). 햇빛이 사라진 것과 다름 없는 환경에서 대부분의 식물은 죽었을 것이다. 특히 바다에 사는 식물성 플랑크톤이 가장 큰 영향을 받았을 것이다. 다수의 종이 멸종했을 것이다. 반면 이런 환경에서도 오래 버틸 수 있는 씨앗들은 나중에 햇빛이 돌아왔을 때 다시 싹을 틔웠을 것이다.

식물이 큰 손실을 입자 먹이사슬이 망가졌다. 이것은 먹이사슬의 꼭대기에 있는 대형 동물에게 상대적으로 더 치명적인 일이었다. 그래서 조류의 선조가 된 소수의 작은 종류들을 제외하고는 모든 공룡이 멸종했다. 최초의 포유류는 약 2억 년 전에 벌써 등장했는데, 대재앙이 닥칠 무렵까지 그다지 성공을 구가하지는 못했다. 아마도 지배적인 공룡들에게 억눌린 상태였을 것이다. 초기 포유류는 대부분 몸집이 작은 야행성 식충 동물이었으므로, 몇 년이나 이어진 암흑 시절을 견딜 수 있었을 것이다. 이윽고 빛이 돌아오자 포유류는 이제는 멸종하고 없는 공룡들이 차지했던 다양한 생태 지위를 선점하며 빠르게 진화했는데, 이는 갈라파고스 제도에서 다윈의 핀치들이 방산 진화했던 것과 비슷하다. 그리하여 곧 많은 종이 탄생했다. 우리가 오늘날 주변에서 보는 동물들은 모두 그 후손이다. 그중 한 갈래인 영장류는 뛰어난 색각色覺과 넓어진 대뇌피질을 진화시켰고, 결국 인간을 낳았다.

만약 공룡들이 파국을 겪지 않고 살아남았다면, 과학기술을 발달시킬 만큼 지능이 진화했을까? 분명하게 답하기는 어렵지만, 아마도 공룡들은 잘못된 방향으로 전문화되지 않았을까 하는 생각이 든다. 이 생각이 사실이라면 지구에서 고등 지능이 진화한 사건은 소행성의 극적인 훼방에 결정적으로 의존했던 셈이다. 소행성 충돌이 유일한 사건만은 아니었을지도 모른다. 화석 기록에 따르면 이전에도 다른 멸종 사건들이 있었다. 어떤 예측에 따르면 소행성은 대략 2억 년에 한 번씩 지구와 충돌한다고 하는데, 이전의 멸종들도 이런 충돌 탓이었는지는 아직까지 자료로 확인되지 않았다.

어쩌면 진화는 장기적으로 반드시 지능이 높은 생물을 만들어낼지도 모른다. 지능은 생존 투쟁에서 늘 유리하기 때문이다. 하지만 그런 수준 높은 단계가 실현되기 위해서는 반드시 환경에 큰 변화가 있어야 할지도 모른다. 정말 그렇다면 행성계가 합리적인 시간 내에 고등 생물체를 진화시키기 위해서 갖추어야 할 조건들에 또 하나가 추가되는 셈이다.

10장

생명은 언제 시작되었는가

LIFE ITSELF

수프에서 인간이 되기까지의 장대한 과정

지금까지 우리는 생명이 우주 어디에서 생겨났을지 그리고 생명 탄생이 얼마나 드문 사건이었을지에 대해 이야기했다. 생명이 언제 시작되었을지는 이야기하지 않았고, 생명이 다른 행성계로 로켓을 보낼 줄 아는 고등 문명으로 발전하기까지 얼마의 시간이 걸렸을지에 대해서도 아직 이야기하지 않았다. 엄밀히 말해, 우리가 진화의 특정 단계가 발생할 확률을 정확히 추정할 수 없는 것처럼 진화 전체에 걸릴 시간 역시 정확하게 추정할 수 없다. 그래도 지구에서 실제로 걸렸던 시간보다 훨씬 짧은 시간 내에 생명 탄생과 진화의 전 과정이 벌어질 수 있다는 생각은 어쩐지 설득력이 부족하다.

　진화 이론은 정량적으로 상세하지 않으므로, 어느 단계가 얼마나 지속될지를 계산할 수 없다. 그저 그 시간이 여러 요인들에 달려 있으리라고 짐작만 할 뿐이다. 가령 돌연변이율, 세대 주기, 상호교배하는 개체군의 크기 그리고 무엇보다도 환경이 일반적으로 가하는 선택압과 다른 종들이 구체적으로 가하는 선택압 등의 요인 말이다. 환경이 안정적이고, 상호교배하는 개체군이 크고, 세대 주기가 길다면 변화는 대체로 느리다. 반면에 지리적 격리이든 생물학적 격리이든 모종의 격리 메커니즘이 있어 작은 개체군들이 생겨난다면, 새로운 종들이 좀 더 빨리 생겨난다. 또 낯선 땅으로 이주한 동식물처럼 기회가 많고 경쟁자가 적은 곳에서 서식하게 된 종은 새로운 생태 지위들을 모두 매우면서 아주 빠르게 분화하기 쉽다. 하지만 어떤 경우이든 우리가 진화의 속도를 예측하기란 어렵다. 아주 대충이라면 또 모르겠지만 말이다.

진화는 대단히 심오한 의미에서 그 경로가 필연적으로 예측 불가능한 과정이라 할 수 있다. 우리는 매우 강력한 이점을 제공하는 속성(가령 앞을 보는 능력)에 대해서만 그 속성이 어떤 방식으로든 틀림없이 등장할 것이라고 확신할 수 있다. 그러나 그 경우에도 정확히 어떤 형태의 시각계가 등장할지를 예측하는 것은 무리다. 우리가 고등 동물의 신경계에 대해 말할 수 있는 바는 동물이 감각기관에 와닿은 확연한 신호를 인식하고 반응하는 데 그치지 않고 더 나아가서 현실의 어떤 측면에 해당하는 속성들까지 읽어낼 요량으로 신경계를 진화시키기 쉽다는 것뿐이다. 특히 동물의 생존과 번식에 영향을 미치는 현실, 가령 포식자의 냄새, 암컷의 외모 등이 그런 측면일 것이다. 하지만 우리는 동물의 뇌가 특정 기능을 세련되게 진화시키는 데 얼마의 시간이 걸릴까 하는 질문에는 정확히 답할 수 없다.

우리가 감히 대답을 시도해볼 만한 질문들 중에서 가장 쉬운 것은 다음과 같다. 지구에서 생명이 처음부터 다시 시작한다면, 그리고 과거의 과정을 완벽하게 답습하지 않기 위해서 필요한 만큼의 사소한 변화들이 환경에 주어진다면, 그로부터 인간과 같은 생물체가 생겨나는 데는 얼마의 시간이 걸릴까? 원래 이 과정이 벌어지는 데는 40억 년쯤 걸렸다. 상상컨대, 태초의 상태부터 이 과정이 다시 시작된다면 그 기간이 최소 10억 년까지 짧아질 수는 있을 것이다. 하지만 훨씬 더 짧은 기간을 상상하는 것은 신빙성이 떨어진다. 반대로 한두 가지 우연한 사건들이 누락된다면 기간은 훨씬 더 길어질 가능성이 있다. 어쨌든 기간을 정확하게 결정하기란 거의 불가능하며, 다른 행성의 생명이라면 어려움은 가중된다.

그러다 보니 나는 확률 이론에 수반되는 규칙들을 깨고서 다음과 같이 과감하게 가정해볼까 한다. 다른 장소에서 시작된 생명이 지구에서와 거의 같은 속도로 진화한다고 하자. 즉 수프에서 인간까지 약 40억 년이 걸린다고 하자. 우리가 지금까지 살펴본 내용들을 참조할 때, 진화에서 모든 주요 단계들의 발생 확률이 상당히 높다고 밝혀지지 않는 한 이 가정은 그저 실현 불가능한 추측에 불과하다. 어쨌든 이 가정이 사실이라고 하자. 그렇다면 속도를 지연시키거나 가속시키는 우연한 사건들의 효과가 평균적으로 상쇄되기 때문에 전반적인 속도는 지구와 비슷할 것이다. 사실은 여기에도 가정이 깔려 있다. 온도나 환경 다양성 같은 전체적인 요인들이 지구와 크게 다르지 않아서 그곳에서의 진화 과정은 지구에서보다 현격히 더 빨라지거나 느려지지 않는다는 것이다. 어쨌든 우리가 분명하게 말할 수 있는 것은 다음과 같다. 진화의 전 과정에 대략 40억 년이 걸린다는 생각에는 확고한 증거가 없지만 그렇다고 터무니없는 수치는 아니라는 점이다.

미심쩍은 수치지만 이를 사용해 생명이 언제 처음 생겨날 수 있었는지를 계산해보자. 핵심적인 조건은 두 가지다. 우선 적합한 행성이 있어야 하고, 그다음으로 행성 표면이나 표면과 가까운 곳에 특정 원소들이 있어야 한다. 이 조건들은 빅뱅 직후에는 갖추어질 수 없었다. 2장에서 말했듯이 우리 몸의 원자들은 우주 폭발의 최초 단계가 아닌 최초의 별들에서 합성된 것이 많다. 큰 별들이 핵연료를 빠르게 소모하여 붕괴하고 폭발하면서 파편을 주변 공간으로 흩어내고, 그 파편들이 다시 응집되어 새로운 별과 행성계를 형성해야 했다. 이 과정이 적지 않은 규모로 벌어지는 데 시간이 얼마나 걸렸는지는 알 수 없지만, 대략 10억 년이나 20억 년으로 짐작하면 합리적일 것이다.

계산을 더 진행하려면 우주의 나이를 알아야 한다. 즉 빅뱅이후 지금까지 흐른 시간을 알아야 하는데, 안타깝게도 이 문제는 아직 논쟁 중이다. 길게 잡은 추정치는 최대 200억 년이고, 짧게 잡은 추정치는 최소 70억 년이다. 하지만 이렇게까지 짧다고 보는 사람은 거의 없다. 레슬리 오겔과 내가 논문을 쓴 시점에는 약 130억 년이 최선의 추정치였지만, 요즘은 100억 년이 정답에 더 가까운 근사치가 되었다(크릭의 말과는 달리 현재는 약 138억 년이 정설로 여겨지고 있는데, 어차피 크릭의 논증에서는 우주의 나이가 짧은 것이 문제가 될 뿐 긴 것은 상관이 없다 — 옮긴이).

어차피 우리 계산에서는 정확한 수치까지는 필요없다. 대단히 짧지만 않으면 된다. 그러니 안전하게 100억 년으로 잡자. 행성과 화학물질이 진화하는 데 10억 년이 걸린다고 가정하면 90억 년이 남는다. 이것은 지구 나이의 약 두 배에 해당하는데, 생명이 한 번 진화할 시간은 물론이고 연달아 두 번 진화할 시간으로도 충분하다. 달리 말해, 90억 년 전 어느 먼 행성에서 생명이 시작되고, 이후 40억 년이나 50억 년쯤에 걸쳐 우리와 비슷한 생물체가 발달하고, 결국 그들이 어떤 단순한 생명 형태를 지구로 보내기에 충분한 시간이었다. 그때쯤 지구는 이미 충분히 식어 원시 바다가 형성되었을 것이다. 이런 일이 실제로 발생했는지의 여부는 지금으로서는 각자의 견해에 따라 믿거나 믿지 않을 문제지만, 오늘날의 증거를 감안하자면 진화에 주어진 시간이 지나치게 짧았다는 반박은 제기하기 어렵다. 생명이 진화할 시간은 충분했다. 한 번도 아니고 두 번씩이나 말이다.

11장

그들은 무엇을 보냈는가

LIFE ITSELF

~

산소 없이 생존 가능한 생물체의 비밀

지금부터는 근사값이든 아니든 정량적 계산을 전부 논외로 하자. 대신에 좀 더 자유롭게 상상력을 발휘하자. 약 40억 년 전에 어느 먼 행성에서 모종의 고등 생물체가 진화했다고 가정하자. 그 생물체는 우리처럼 과학기술을 발견했고, 이를 우리보다 훨씬 더 높은 수준으로 발달시켰다고 하자. 그들에게는 시간이 더 많았거니와, 그들의 사회가 오늘날 우리의 단계에서 멈췄을 가능성은 희박해 보인다. 그들이 우리보다 얼마나 더 발전했을지는 추측하기 어렵지만, 어쨌든 그들의 과학 중에서 일부는 우리와 크게 다르지 않을 것이다.

　오늘날 인류의 물리화학적 지식은 상당 부분 완전하며, 탄탄한 토대 위에 구축되었다. 어쩌면 우리는 이미 중요한 속성들을 다 알고 있을지도 모른다. 물론 모든 부분이 다 그렇지는 않다. 일례로 고에너지 물리학에서는 앞으로 더 놀라운 사실들이 발견될 것이다. 물리화학에서는 새로운 기법들이 더 등장하여 화학적 구조와 반응에 관한 지식을 좀 더 정확하게 만들어줄 것이다. 대단히 새로운 원리들이 발견되지는 않더라도(실제로도 그럴 가능성은 낮아 보인다), 향후 여러 세대 동안 과학자들이 할 일은 대단히 많다. 과학자들은 원자와 분자가 다양한 혼합 상태와 압력, 온도에서 어떻게 상호작용하는지를 더 자세히 밝혀나갈 것이다.

천문학, 천체물리학, 우주론으로 눈길을 돌려보자. 이 분야에서도 발견될 것들이 많다. 그런 문제들 중 몇 가지는 우리가 앞서 논의했고(가령 얼마나 많은 별이 행성을 거느리고 있을까), 더 큰 규모에서도 답을 알 수 없는 의문들이 있다. 가령 우주는 열려 있는가 닫혀 있는가(우주에 질량이 충분히 많아서 결국 스스로 붕괴할 것인가, 아니면 영원히 팽창할 것인가) 하는 질문 말이다. 한편 생물학적 지식은 이보다 더 원시적인 수준이다. 발생학의 세부 사항에 대해서라면 우리는 막연하게 짐작만 할 뿐이고, 앞에서도 보았듯이 진화의 과정과 메커니즘에 대해서는 대략적으로만 이해하며, 생명의 기원에 대해서는 그보다도 더 아는 게 없다.

나는 우리 문명이 최소한 1천 년이라도 더 존속한다면 우리가 이런 까다로운 질문들 중 많은 것을 대답할 수 있으리라고 믿는다. 만약 그때까지 모든 과학 분야에서 모든 기본 원리가 다 정립되더라도, 우리가 할 일은 여전히 잔뜩 남아 있을 것이다. 아마도 앞으로 1만 년 뒤에는 우리가 여러 복잡계complex system를 제법 자세하게 이해할 것이고, 무엇보다 공학적 사업들이 꽃을 활짝 피울 것이다. 우리는 우리가 알고 있는 근본적인 지식을 응용해 점점 더 강하고 정밀하고 복잡한 계들을 제작할 것이다. 인류가 스스로를 날려버리거나 환경을 완전히 망가뜨리지 않는 한, 또한 과학에 반대하는 과격한 광신자들에게 압도당하지 않는 한, 인간은 스스로를 개선하기 위해 끊임없이 노력할 것이다. 그 노력은 어떠한 형태로 얼마나 성공할 것이며, 인간의 속성이 극적으로 바뀌는 데는 얼마의 시간이 걸릴까? 이것은 먼 미래를 감싼 불확실성의 안개를 꿰뚫어 보아야 하는 문제이므로 지금으로서는 짐작조차 하기 어렵다.

우리의 이런 상황에서 유추해 볼 때, 우리보다 앞선 외계의 기술자들은 우리보다 훨씬 더 많은 것을 알고 있을 것이다. 특히 천문학과 생물학 분야에서 그럴 것이고, 우리보다 훨씬 앞선 기술도 발달시켰을 것이다. 그런 그들에게 우주는 과연 어떻게 보였을까?

만약에 그들이 자신들의 비밀을 스스로 알아내지 못했다면, 자신들의 진화 메커니즘을 알아내지 못했다면, 가까운 물리적 환경의 자세한 작동 방식을 알아내지 못했다면, 그것이야말로 놀랄 일이다. 우리는 다른 별에 행성이 있는지 없는지를 추측만 하는 데 반해 그들은 많은 것에 대한 답을 알 것이다. 하지만 그들이 다른 세상의 정확한 환경 조건까지 알아냈을지는 잘 모르겠다. 그들에게는 고차원적인 기술과 충분한 시간이 있었으니 적어도 가까운 몇몇 별로는 무인 우주 탐사선을 보냈을 것이다. 그리하여 수백 년 뒤에는 그곳의 환경에 대한 정보를 수신했을 것이다. 이 일만 해도 오늘날 우리의 기술보다 훨씬 더 발전한 기술이 있어야 가능하다.

그들이 자신들의 은하에는 생명에 적합한 행성이 많음을 발견했다고 하자. 육지와 바다가 모두 있는 행성, 중심별로부터 꾸준히 복사를 받는 행성, 적당한 대기가 있어 표면에 묽은 수프가 잔뜩 존재하는 행성. 그런 행성들 중 원시 생명을 발생시킨 곳이 몇이나 되는지도 알까? 이것은 추측하기 어려운 문제다. 어쩌면 그들은 생명의 발생이 몹시 드문 사건임을 이미 인지했을지도 모른다. 실제로는 그렇지 않더라도 생명의 탄생은 유일한 사건이고, 자신들 외의 다른 생명은 어디에도 존재하지 않는다고 잘못된 결론을 내렸을지도 모른다. 그들이 우주의 한 구석인 아주 좁고 제한된 주변 세상만을 둘러본 뒤 혹은 사방으로 수만 광년만을 둘러본 뒤, 수프는 흔하지만 생명은 드물다고 결론을 내린 것일지도 모른다. 생명의 잠재력을 지닌 장소는 많으나 결정적인 첫 단계, 즉 자연선택에 필요한 화학적 메커니즘이 자발적으로 등장하는 단계는 자신들이 뿌리를 내리고 있는 오직 한 곳에서만 실현될 수 있었다고 결론을 내렸을지도 모른다. 그렇다면 우리는 이렇게 묻는다. 그들이 우주를 그렇게 보았다면, 그다음엔 과연 어떤 행동을 취했을까?

그들이 처한 곤경을 더 정확하게 묘사하려면, 한 가지 요인을 더 고려해야 한다. 그들은 자신들의 문명이 먼 훗날, 아마도 대단히 장기적으로 멸망할 운명임을 이미 깨닫고 있었을 것이라는 점이다. 어쩌면 가까운 미래까지 살아남는 것마저도 힘들다고 믿을 만한 어떤 이유가 있었을지도 모른다. 어쩌면 자신들의 별이 가까운 다른 별과 충돌할 찰나임을 발견했을지도 모른다. 가능성이 몹시 낮은 일이긴 하지만, 은하의 중심에 가까운 곳이었다면 가능했을 수도 있다. 그들에게는 자신들의 사회 체제가 영원히 안정적일 수는 없다고 볼 충분한 이유가 있었을지도 모른다. 우리도 아마 그렇지 않겠는가.

하지만 그들이 수십억 년을 내다보는 장기적인 고민을 했을 가능성도 있다. 핵연료가 바닥난 자신들의 별은 적색거성으로 팽창하며 자신들의 행성을 집어삼킬 테고, 결국 자신들은 탈출을 시도할 겨를도 없이 타버릴 것이라고 말이다. 그렇다면 분명 그들은 이웃 행성으로의 이주 계획을 세웠을 것이다. 그러나 이것은 기술적으로 까다로운 과제였을 수도 있다. 운이 없게도 이주하기에 적합한 가장 가까운 행성이 수십 광년이나 떨어져 있는 것이다. 시도를 하더라도 성공 확률이 낮다고 판단한 나머지 실패를 거듭할 때를 대비한 비상책을 마련했을지도 모른다. 정확한 이유가 무엇이든 좌우간 그들은 다른 대안들도 꼼꼼하게 점검했을 것이다.

그들에게는 어떤 선택지가 있었을까? 제일 쉬운 방법은 무인 우주 탐사선을 보내는 것이다. 하지만 이 방법은 과학소설 작가들의 믿음에도 불구하고 그리 뚝딱 만들 수 있는 게 아니다. 구하기 쉬운 재료와 부품들로 그런 기계를 제작하는 것이 어렵거니와, 기지의 지원이 없이도 기계가 큰 문제 없이 작동하도록 만드는 것은 가히 가공할 과제다. 우주에서 오랜 기간 여행을 해야 하고 먼 행성에 착륙할 때는 외상에도 견뎌야 하기에 더 그렇다. 따라서 정교한 자기 수선 메커니즘이 있어야 하는데, 이 자기 수선 작업의 실패율 또한 상당할 것이다. 유일하게 유리한 조건은 심한 경쟁이 없다는 점이다. 기계를 망가뜨릴 벌레도 없고, 기계를 훔치려 드는 도둑도 없다. 오로지 느리게 스스로를 파괴하는 부식작용과 기타 화학적·기계적 퇴화에만 대처하면 된다.

그들의 행성에 있는 다른 생물체를 이웃 행성으로 보내는 방법도 분명 가능하다. 진화 수준이 좀 낮은 생물이어야 하겠지만, 그 생물체들이 잘 생존하고 번식하고 심지어 운까지 좋다면 더 고등한 형태로 진화하는 것이 충분히 가능하다고 기대할 수도 있는 것이다. 한마디로, 여행이 너무나 험난해서 인간을 닮은 생물체를 보내는 것이 어렵다면 쥐를 보내면 되지 않겠는가?

안타깝지만 쥐를 써서 얻는 이득도 별반 다르지 않다. 쥐는 사람보다 공간을 덜 차지하지만, 주변 환경에 대해 사람과 같은 통제력을 갖지 못한다. 번식이 가능한 집단이라도 쥐들이 우주선에서 수백 년을 살려면, 만만치 않은 문제들을 해결해야 한다. 갖가지 기발한 재활용 기법을 동원하더라도 쉽지 않을 것이다. 또한 쥐들이 그곳에 도착해서 마주칠 환경은 틀림없이 그들에게 적대적이다. 무엇보다도 산소가 부족할 텐데 이것은 장기적으로 치명적인 장애물이다. 결국 이 일에 적합한 생물이란 우주로 상당히 많은 수를 실어 보낼 수 있는 것이어야 하며, 우주에서의 긴 여행을 거뜬히 견디고, 행성으로 진입하는 과정과 그곳에서 마주칠 환경까지 모두 견딜 수 있어야 한다. 이렇게 보면 외계의 식민주의자들이 머나먼 장소에서 생명을 개시할 도구로 선택할 생물은 지구의 세균과 비슷한 모종의 미생물이 아닐까?

세균이란 무엇일까? 생물계를 크게 둘로 나눈다면 보통은 동물과 식물이라고 생각하기 쉽지만 사실은 그렇지 않다. 세포가 하나인 생물과 우리처럼 여러 개인 생물로 나누는 것도 아니다. 제일 정확한 방법은 우리처럼 세포에 핵이 있는 진핵생물과 그보다 더 단출하여 세포에 핵이 없는 원핵생물prokaryote로 구분하는 것이다. 생물학자들은 종종 '고등 생물'이라는 표현을 쓰는데, 이것은 오해의 소지가 있는 용어다. 물론 인간은 고등 생물이다. 동물원의 동물들도 대개는 고등 생물이다. 그런데 맥주, 와인, 빵을 발효시키는 데 쓰이는 효모 세포 역시 생물학자에게는 고등 생물이다. 이런 분류에서 '하등 생물'은 원핵생물을 말한다. 원핵생물에는 다양한 종류의 세균들이 포함되는데, 남조류도 이에 속한다. 다만 남조류 이외의 다른 조류들은 진핵생물이고, 아메바나 섬모충 같은 다른 많은 단세포 생물들도 진핵생물이다.

생물계를 둘로 나누는 이 기준은 명료하면서도 심오하기 때문에 무척 중요하다. 이것은 단순히 세포핵의 문제만이 아니라 그 밖의 여러 세포 내부 속성들에 관련된 문제다. 이런 속성들은 현대의 실험 기기를 쓰지 않고서는 효과적으로 연구할 수 없다. 예를 들어 우리는 전자현미경 덕분에 세포의 구성 요소들을 옛날보다 훨씬 더 세밀하게 볼 수 있다. 과학자들이 1960년경이 되어서야 진핵생물-원핵생물 분류를 논의하기 시작한 것도 이 때문이다.

둘의 차이는 과연 무엇일까? 진핵생물은 대체로 고도로 발달된 염색체를 갖고 있다. 염색체들은 복제를 거친 뒤 유사분열이라는 과정을 통해 재분배되는데, 이 과정에는 특수한 도구들이 필요하다. 한편 원핵생물의 '염색체'는 훨씬 더 단순하고, 유사분열 방추체mitotic spindle를 만드는 분자들이 없다. 진핵생물은 세포질 내부에 갖가지 특수한 구조들을 갖고 있는데, 원핵생물은 보통 가지고 있지 않은 복잡한 세포막 체계, 사립체와 같은 특수한 세포 소기관 등이다. 미토콘드리아는 고유의 DNA와 단백질 합성 도구를 갖고 있기 때문에, 과학자들은 한때 자유 생활을 하던 원핵생물이 세포로 들어온 뒤 퇴화함으로써 결국 숙주 세포와 공생해야만 살 수 있게 변한 것이라고 여긴다. 미토콘드리아는 흔히 '세포의 발전소'라고 불린다. 산소 분자를 사용해 먹이 분자를 효율적으로 연소시키는 도구를 품고 있기 때문이다. 우리 몸의 세포 각각에는 미토콘드리아가 수백 개쯤 들어 있다.

아마도 진핵생물과 원핵생물의 제일 뚜렷한 차이는 세포 안팎으로 물질이 드나드는 방식일 것이다. 진핵생물에게는 큰 입자를 삼키는 데 필요한 '식균작용' 메커니즘이 있고, 섭취한 것을 소화할 내부 구조도 있다. 하지만 원핵생물에게는 이런 분자적 메커니즘들이 없다. 원핵생물의 막은 분자 크기의 물질들만이 통과할 수 있다.

우리가 이런 세부 사항을 다 알 필요는 없다. 원핵생물은 대체로 더 단순하다는 것, 진핵생물에게는 정교한 과정들을 수행하는 데 쓸 특수한 분자들이 있지만 원핵생물에게는 없다는 것만 알면 된다. 진핵생물은 그런 과정들 덕분에 유전정보를 더 많이 지닐 수 있고(DNA 한 가닥이 아닌 염색체 집단을 갖고 있다), 다른 생물체를 먹을 수 있으며, 내부에서 목적 지향적인 방식으로 분자들을 이동시킬 수도 있다. 진핵생물을 원핵생물보다 우위에 놓는 한 가지 성질을 꼽으라면, 세포 내부에서 움직임을 일으키고 통제하는 분자적 도구들이다. 덕분에 동물에게 꼭 필요한 근육이 형성되었고, 유사분열이라 불리는 염색체들의 복잡한 춤이 벌어질 수 있었다.

세균이 그토록 불리한 생물 형태인데도 로켓의 탑승객으로 고려되는 이유는 무엇일까? 대답의 열쇠는 바로 산소다. 생물 발생 이전 환경의 대기에는 산소가 거의 없었을 가능성이 높다. 따라서 우리는 오늘날 지구 생물들의 산소 요구량이 얼마나 되는지 따져봐야 한다.

산소의 큰 이점은 먹이 대사 과정에서 세포가 훨씬 더 많은 에너지를 얻도록 해준다는 점이다. 이 과정을 보통 호흡이라고 부른다. 소수의 세균들은 산소 대신 탄산염, 질산염, 황산염 같은 무기 화합물을 쓰지만, 이런 화합물이 원시 지구에 풍부하게 존재하기는 어려웠을 것이다. 그 이유는 간단하게도 원시 지구의 대기에 산소가 없었기 때문이다. 무기물 전자받개electron acceptor라는 화합물이 없다면, 세포는 효율이 훨씬 떨어지는 발효 과정을 쓸 수밖에 없다. 발효는 산소가 없어도 진행된다는 점에서 중요하지만, 호흡에 비해 세포의 에너지 통화인 ATPadenosine triphosphate 분자를 훨씬 적게 생산한다.

산소 분자는 강력하지만 위험한 화합물이다. 세포에게 유독하게 작용할 위험이 있다. 세포 내 과정들이 산소로부터 여러 치명적인 유도 물질들을 생성할 수 있기 때문인데, 과산화수소H_2O_2나 그보다 더 위험한 자유라디칼free radical, 과산화이온O_2^- 등이 그렇다. 많은 세포가 이런 치명적인 물질을 제거하기 위해 특수한 효소를 갖고 있는데, 이런 효소가 없는 일부 세균들에게는 산소가 독이라서 그들은 진흙 속처럼 산소가 없는 곳에서만 살 수 있다. 하지만 원시 지구에서라면 그들이 특별히 더 불리하지는 않았을 것이다.

　대부분의 생물들에게 산소는 (요즘은 산소가 광합성의 부산물로 생성된다는 사실을 기억하자) 대단히 유용하고, 이들은 우리와 마찬가지로 산소 없이는 살 수 없다. 따라서 진화가 상당히 진행된 세포들은 대부분 우주 식민화의 후보로 알맞지 않다. 이 조건을 적용하면 대부분의 경쟁자들이 제거되고, 일부 세균과 효소처럼 몹시 단순한 소수의 생물들만 남는다. 이들 중 일부는 효소처럼 산소가 주어지면 산소를 사용할 줄 알지만 나머지는 산소를 전혀 쓰지 못한다. 혐기성이라도 산소를 참을 수 있는 일부 세균을 제외한 다른 종류들은 즉시 죽는다.

　지금부터는 세균이 무엇인지 자세히 살펴보자. 세균은 종류가 무척 다양하기 때문에 개략적으로 묘사할 수밖에 없다. 세균은 보통 크기가 작다. 따라서 그들이 염기쌍 100만 개 가량의 단출한 DNA를 갖고 있는 것은 놀라운 일이 아니다. 세균의 크기는 범위가 넓지만 보통 몇 미크론 수준이다. 가시광선의 파장이 0.5미크론 수준인데, 이보다 약간 더 큰 셈이다. 강력한 광학현미경을 쓰면 세균의 대체적인 크기나 모양(공 모양인지 막대기 모양인지, 긴 사슬로 엮였는지 등등)을 관찰할 수 있지만, 세균의 내부를 밝히려면 다른 기법을 써야 한다. 다행히도 일부 세균들은 현대의 생화학적 기법을 적용하기에 안성맞춤이라서, 지난 삼사십 년간 그들에 대한 연구가 엄청나게 많이 이루어졌다. 그렇게 살펴본 결과 그들은 정말로 놀라운 생물체였다.

세균이 그렇게 작다면 화학적 융통성이 부족하지 않을까 싶겠지만 전혀 그렇지 않다. 많은 세균은 몹시 단순한 화학적 매질에서도 잘 살아간다. 매질에 탄소 공급원, 질소 공급원(가령 NH_4^+, 즉 암모니아) 그리고 대체로 유기 물질인 다른 몇몇 화합물이 존재한다면 그것으로부터 충분한 에너지를 얻어낸다. 또한 세균은 대부분의 비타민을 필요로 하지 않는데, 우리처럼 음식과 같은 외부 요소에서 얻는 것이 아니라 스스로 합성할 수 있기 때문이다. 우리가 음식 속 단백질을 분해하여 얻는 '필수' 아미노산도 세균은 스스로 만들 수 있기 때문에 따로 필요하지 않다.

많은 세균은 움직일 줄 안다. 단순한 편모를 써서 이리저리 돌아다니고, 먹이 분자의 농도를 감지하고, 단순한 전략을 써서 특정 방향으로 헤엄치며, 비슷한 방식으로 특정 독소들을 피한다. 세균은 유리한 환경에서는 굉장히 빨리 자라고 분열한다. 산소와 영양소가 풍부한 배양액에서는 최소 20분마다 한 번씩 분열한다. 덜 유리한 환경이라면 개체 수가 두 배로 느는 데 한나절쯤 걸리지만, 먹이가 지속적으로 공급되는 경우라면 그렇게 느린 속도라도 개체 수가 극적으로 늘어난다. 먹이를 충분히 공급받는 세균은 대사 장치를 조절하는 메커니즘도 효율적이라서 어떤 효소가 당분간 필요없다면 그 사용을 중단하고 더 이상 만들지 않는다. 이후 효소가 필요해지는 순간이 오면 다시 합성을 시작한다. 세균은 빠르게 자랄 수 있도록 대사를 간소화한 듯하다. 대부분의 환경에서는 제일 빠르게 자라는 세포가 경쟁에서 이길 테고, 자연선택에 따라 제일 많은 후손을 남길 것이기 때문이다. 세균의 성생활은 보잘것없다. 대체로 하나의 세포가 아무런 성적 과정 없이 두 딸세포daughter cell로 갈라진다. 하지만 아주 가끔 두 세균이 특별한 메커니즘에 따라 접합하곤 한다. 한 세균(남성)이 다른 세균(여성)에게 자기 DNA의 일부를 전달하는 접합 과정은 비교적 느려서 두 시간가량 혹은 평균수명의 여러 배에 해당하는 시간이 소요된다.

세균은 반드시 유성생식을 해야 하는 것이 아니므로 하나의 세균에서도 집단이 자랄 수 있다. 짝을 찾아야만 번식할 수 있는 게 아니기 때문에 서로 멀찌감치 떨어진 채로 자랄 수 있다.

세균은 보통 연약한 원형질 막 바깥에 질긴 세포벽을 가지고 있다. 세포벽은 세포의 안팎을 나눠주는 분자 차원의 효과적인 장벽이다. 세포벽은 원형질 막의 손상을 막고, 특히 세포가 물기 많은 용액 속에 있을 때 삼투압으로 인해 부풀지 않도록 막아준다. 덕분에 세균은 주변 매질의 염이나 유기 화합물 농도에 아주 까다롭게 굴지 않는 편이다. 세균이 '냉동 건조'될 수 있다는 것도 이점이다. 세균을 먼저 차갑게 만든 뒤, 구조에 최소한의 손상만 주도록 조심스럽게 세포 내부의 물을 뽑아내면 된다.

지구의 세균은 종류가 정말로 다양하고, 온천에서 황량한 사막까지 참으로 다양한 환경에서 살아간다. 원자로처럼 강렬한 복사를 쬐는 환경에서 번성하도록 진화한 종류도 있다. 또 어떤 종류는 황화수소, 철 이온, 메탄 같은 특이한 화합물을 활용할 줄 아는데, 다만 그 과정에는 보통 산소가 필요하다. 물론 이들이 광합성을 할 줄 안다면 산소는 없어도 된다. 어떤 세균들은 엄격한 혐기성이라, 수소를 써서 대사하는 그 과정에서 메탄을 생성한다. 또 어떤 세균들은 질소를 '고정'할 줄도 안다. 공기 중의 비활성 N_2 분자에서 질소를 얻어낸다는 뜻이다. 그리고 또 어떤 세균들은 다양한 형태의 광합성을 수행하여 햇빛에서 에너지를 얻는다. 이처럼 다양한 가능성들을 모조리 꼽자면 지나치게 전문적인 이야기가 될 것이다.

하지만 이 중에서 우리가 특별히 관심을 쏟을 만한 미생물이 있는데, 바로 남조세균이라 불리는 남조류다. 이들은 우리가 아는 최초의 미생물 화석이 남조류라는 점 때문에라도 특별하다. 이 집단의 구성원은 무척 다양하지만, 몇 가지 공통적인 특징이 있다. 모든 남조류는 빛에서 에너지를 얻는다. 일부는 어두운 곳에서도 자라지만 그만큼 성장 속도가 느리다. 남조류는 또 다소 제한된 종류의 탄소 화합물만으로도 자란다.

조금 놀라운 사실은 질소를 고정할 줄 아는 남조류가 많다는 점이다. 그렇다면 이들은 생존에 필요한 조건이 극히 적은 셈이다. 매질에서 소수의 염을 얻고, 빛을 활용해 CO_2에서 탄소를 얻고, N_2에서 질소를 얻을 수 있으니 말이다. 이런 생물체는 보통 세포들이 줄줄이 이어진 구조인데, 개중 이형세포라는 특수한 세포들이 주로 질소 고정 기능을 담당한다. 이형세포는 질소 고정에 전문화한 세포로 더 이상은 분열하지 않는다.

남조세균이 다양한 서식지에서 살아간다는 사실은 전혀 놀랍지 않다. 남조세균은 바다는 물론이거니와 민물과 흙에서도 발견된다. 일부는 온천에서 번성하고, 일부는 사막의 바위틈에서도 서식한다.

지금까지 간략하나마 세균계bacterial world를 훑어보았다. 이 작은 생물체들이 우주여행에 어떤 이점을 갖고 있는지 다시 정리해보자. 앞에서 말했듯이, 대부분의 세균은 크기가 작다. 대장균처럼 전형적인 세균이라면 폭이 약 1미크론, 길이가 약 2미크론이다. 따라서 몇 세제곱센티미터의 부피에 10억 마리의 세균을 담을 수 있다. 세균은 냉동이 가능하고, 해동과 동시에 대부분 다시 살아난다. 냉동된 상태로는 별다른 손실 없이 거의 무한히 버틸 수 있다. 우주 공간처럼 온도가 몹시 낮은 곳에서는 만 년 이상 생존할지도 모른다. 세균은 충격이나 그 밖의 위해를 입어도 거의 멀쩡할 것이다. 제일 좋은 점은 세균이 생물 발생 이전 상태의 바다에 떨어진 뒤 쉽게 번식할 수 있다는 점이다. 이는 산소를 거의 쓰지 않거나 전혀 쓰지 않는 세균이 많기 때문에 가능한 일이다. 일부 세균들이 몹시 단순한 매질에서도 잘 자라는 것을 보면, 이들은 생물 발생 이전 상태의 수프에서도 비교적 효율적으로 생존하고 증식할 것이다. 그곳이 너무 춥지만 않다면 말이다. 게다가 세균은 몰려 있을 필요가 없다. 환경만 유리하다면 세균 한 마리가 온 바다로 퍼질 수 있기 때문이다.

세균은 사람 같은 다른 생물들에 비해 훨씬 더 단순한 것은 물론, 자기를 재생산하는 화학적 공장으로서도 대단히 경제적이고 튼튼하며 화학적으로 다재다능하다. 과학자들이 밀러-유리 실험 등에서 썼던 인공 수프에서 세균을 길러보려고 시도한 사례는 내가 아는 한 아직까지 없었다(대부분의 실험은 오히려 배양 플라스크에서 미생물을 제거하려고 안간힘을 쓴다). 하지만 실제로 실험을 해본다면 틀림없이 공기에 산소가 없는 환경에서도 많은 세균이 번성할 것이다.

이런 이유들을 고려할 때, 산소 없이도 생존할 수 있는 미생물이야말로 다른 행성으로 보내기에 적합한 생물체다. 물론 이것은 생존 가능성이 없지 않은 고등 생물을 이주시키는 것이 아니라 그곳에서 새로 생명을 진화시키는 것이 우리의 목표일 때의 이야기다. 오겔과 내가 정향 범종설에서 무인 우주선의 수화물로 세균이 가장 적합하고 가능성이 높다고 제안한 것은 이런 이유 때문이다.

12장

로켓의 설계

LIFE ITSELF

광년의 물리적 한계를 극복할 기술의 발견

미생물을 다른 행성으로 실어 보낼 로켓을 어떻게 설계할지 따져보기 전에, 우주인을 어떻게 보낼지부터 생각해보자. 우주선을 고속으로 추진하려면 강력한 모터와 충분한 연료가 필요하다. 우주인은 물론이고 길고 캄캄한 여행에 필요한 식량, 산소 등의 생명 유지 장치를 전부 담을 공간도 있어야 한다. 우주선을 모니터하고 통제하는 도구와 모행성과의 통신 도구도 실어야 한다. 우주선이 목적지인 별의 행성이나 소행성에 도착한 뒤 적절히 감속하여 우주인을 그 표면에 안전하게 내려놓으려면, 그때까지 연료가 남아 있어야 한다. 승객들이 다칠 수 있으니 안전을 위해 가속과 감속이 너무 격렬해서는 안 된다. 우주선이 승객들을 도로 싣고 돌아올 필요는 없는데, 그들은 여행자가 아니라 새로운 곳을 영원한 거주지로 삼을 이주자들이기 때문이다.

당연한 말이지만 로켓이 빨리 날 수 있다면 여러모로 이득일 것이다. 만약 광속에 가까울 만큼 대단히 빠르게 난다면 상대론적 시간 지연이 적용되는데, 출발지나 도착지의 별에서 볼 때는 여행에 수천 년이 걸려도 우주선에 탄 사람들에게는 겨우 수십 년이 흐른다는 뜻이다. 이는 특수상대성 이론에서 도출되는 놀라운 결론이다.

하지만 앞의 결론과는 다르게 실제로 사람은 시간 지연을 거의 경험할 수 없다. 굉장히 발전된 기술이 필요하기 때문만은 아니고 에너지, 힘, 질량에 관한 기본 물리 법칙 때문이다. 우선 로켓은 엄청난 에너지를 필요로 하는데, 그렇다고 연료의 양이 지나치게 많거나 무거워서는 안 된다. 그러므로 에너지가 아주 풍부한 연료를 써야 한다. 우리가 아는 최선의 방법은 반물질과 물질이 서로 소멸하는 과정을 이용하는 것이지만, 반물질을 안전하게 저장하는 과제는 아마도 해결하기 어려울 것이다. 차선책은 핵융합을 활용하여 수소를 헬륨으로 바꾼 뒤, 헬륨을 뒤로 분사하여 추진력을 얻는 것이다. 에드워드 퍼셀Edward Purcell(1912~1997, 1952년 노벨 물리학상을 받은 미국의 물리학자)의 계산에 따르면, 이런 엔진이 아무리 이상적이라도 배기가스의 속력은 광속의 8분의 1에 불과하다. 현실에서는 이보다 더 느릴 것이다. 로켓이 배기가스의 속력보다 빠르게 날수록 효율은 더 떨어지므로, 로켓이 광속에 가깝게 날기 위해서는 로켓과 연료의 총 질량이 유효 탑재 질량보다 어마어마하게 커야 한다는 계산이 나온다.

우주선을 고속으로 가속하는 문제는 제쳐두자. 도착해서 감속하는 문제도 제쳐두자. 우리가 해결해야 할 또 다른 굵직한 과제는 우주선을 손상으로부터 보호하는 것이다. 우주는 대체로 텅 비어 있지만 간간이 원자나 분자가 있다. 작은 먼지 조각도 있다. 이 물질들은 자체의 움직임이 느리더라도 우주선이 빠르게 움직이기 때문에 우주선에 아주 세게 부딪칠 수 있다. 우주선이 평균속도로 비행할 때는 두껍게 두른 차폐물로 승객과 기계장치를 보호할 수 있겠지만, 광속에 가까운 고속에서는 차폐물이 현재의 우리 기술로는 제작하기 힘들 만큼 두꺼워야 한다.

이런 과제들을 극복하기 위한 기발한 제안이 다양하게 쏟아졌다. 우주선에 연료를 잔뜩 싣는 대신 우주 공간의 물질을 퍼올려서 연료로 쓰자는 발상도 있었다. 설령 이 방법에 성공하더라도, 우주의 물질 밀도가 너무나 희박하기 때문에 수집기는 지름이 100킬로미터도 넘을 만큼 커야 한다. 우주선의 손상을 피하기 위해 우주의 물질을 옆으로 굴절시키자는 의견도 있었다. 하지만 이것 역시 가공할 노력을 기울여야 하는 작업이다. 막연하게나마 실행 가능성이 있어 보이는 유일한 발상은 우주선이 아닌 모행성에서 추진 에너지를 공급받는 것이다. 가령 레이저빔 같은 것을 사용해 연료를 공급하자는 것이다. 그러면 보통의 방법을 쓸 때만큼 연료를 많이 실을 필요가 없기 때문에 우주선은 작고 가벼워진다. 그래도 여전히 만만치 않게 크겠지만 말이다. 그러나 까마득히 먼 미래에나 시도해볼 만한 이 기법으로도 우주선을 광속의 절반보다 더 빠르게 추진할 수는 없다. 그리고 이런 속도에서도 시간 지연의 효과는 미미하다. 따라서 상대론적 우주여행은 불가능하다고 잠정적으로 결론을 내려도 좋다.

우주인이 경험할 우주여행의 시간은 여정의 길이를 우주선의 평균속도로 단순히 나눈 값이다. 광속의 100분의 1에 해당하는 속도로 100광년의 거리를 여행하는 데는 1만 년이 걸린다. 아주 발전된 우주선으로 매우 짧은 거리를 갈 때를 제외하면, 여행 시간은 인간의 수명보다 한참 더 길다. 물론 다른 곳에서 진화한 생물은 우리보다 수명이 더 길지도 모른다. 따라서 냉동이 가능하다면 우주인들을 냉동함으로써 어떻게든 수명을 연장해야 하고, 그게 아니라면 우주선 속에서 번식을 해야 한다. 그다지 좋은 인생은 아니지 싶다.

우주로 이주자를 보내는 일이 엄청나게 어려운 사업이라는 것을 이쯤이면 충분히 설명했다고 본다. 조금이라도 성공을 기대하려면 현재 우리의 역량보다 훨씬 앞선 기술이 필요하다. 실로 대단한 창의성, 끈기, 노력이 요구되는 일이기 때문에 우리는 물론이고 후손들도 성공하지 못할 것이다. 물론 미래는 누구도 예단할 수 없는 법이지만 말이다.

우주선이 빛만큼은 아니더라도 하여간 상당히 빠르게 날수 있다고 가정하자. 최대 비행 가능 속도는 과연 얼마일까? 추측은 쉽지 않다. 현재 우리는 초속 4.8킬로미터, 즉 광속의 0.0015퍼센트에 해당하는 속력으로 태양계를 벗어나는 우주선을 제작할 수 있다. 핵분열 에너지를 쓸지 말지, 지구에서 빔을 쏘아 가속 에너지를 공급할 수 있을지 없을지 등의 세부 사항까지 파고들지 않더라도 광속의 1,000분의 1로 나는 우주선은 충분히 설계할 수 있다. 그러나 광속의 10분의 1까지 끌어올리기는 어렵다. 모든 가능성을 열어두고 합리적으로 추측한다면 광속의 100분의 1까지는 가능할 것이다.

지구로부터 100광년 내에는 수천 개의 별이 있다. 앞서 이야기한 내용들을 토대로 그중 하나가 우리 세균에게 필요한 환경을 갖춘 행성을 거느리고 있다고 해도 크게 놀랄 일은 아니다. 우주의 최초 단계에서는 별들이 지금보다 더 드문드문 퍼져 있었을 것이다. 한편 최초의 문명들은 별들이 비교적 가깝게 몰린 지역에서 등장했을지도 모른다. 어쨌든 우리 지구로부터 10광년 내에 적합한 행성이 있을 가능성은 낮을 것이고, 1,000광년이라면 좀 더 높을 것이다. 그렇다면 100광년 내에 하나쯤 존재한다고 추측해도 그다지 나쁘지 않을 것이다.

이를 토대로 여행에 걸리는 시간을 계산하면 어림잡아 1만 년이다. 우리 일상의 기준으로는 물론 엄청나게 긴 시간이지만, 보나마나 원정에 실패할 것이라고 장담할 만큼 그렇게 긴 시간일까? 아직은 그렇게 오랫동안 차가운 곳에서 세균을 저장해본 실험이 없었지만, 짧은 기간에 이루어진 실험들을 참고한다면, 우리가 세균을 조심스럽게 잘 냉동하고 충분히 차갑게 유지만 할 수 있다면 세균은 아주 오랫동안 그 상태 그대로 생존할 것이다. 과학자들은 1만 년까지, 어쩌면 100만 년까지 세균을 보존할 방법을 찾아낼 수 있을 것이다. 더구나 세균은 막대한 양을 실어 보낼 수 있으므로 손실이 적잖이 있어도 견딜 만하다. 소수만이라도 살아남아서 새로운 환경으로 무사히 이주하면 된다.

이보다 더 중요한 문제는 우주선이 1만 년 뒤에도 확실하게 작동하도록 만드는 일이다. 로켓은 여행의 출발 시점뿐만 아니라 종결 시점에도 작동해야 한다. 세균을 행성으로 전달하는 것은 간단한 문제가 아니다. 로켓을 아무 방향으로나 쏜 뒤 잘되기만을 바라서야 될 일이 아니다. 별은 아주 드문드문 존재하므로 어느 정도 빠른 우주선이라면 그저 빈 공간을 획 통과하여 은하 반대편으로 날아갈 것이다. 우리는 적합한 별을 표적으로 선택한 뒤, 로켓이 그곳을 향해 끝까지 날아가도록 만들어야 한다. 이 문제는 비교적 쉽다. 진짜 문제는 우주선이 별에 도착했을 때다. 우주선이 별에 진입하기 위해서는 감속을 해야 하는데, 이는 우주선이 그때까지 로켓 연료를 충분히 갖고 있어야 한다는 뜻이고, 로켓의 모터와 통제 체계가 그때까지 잘 작동해야 한다는 뜻이다.

다음으로 우주선은 적합한 행성을 선택하고, 그곳에 다가간 뒤, 화물을 내려놓아야 한다. 화물이 대기 진입의 어려움을 잘 견뎌내고 원시 바다로 무사히 풍덩 빠질 만한 방식이어야 한다. 내가 지금까지 나열한 작업들 하나하나는 시작조차 불가능할 정도로 압도적으로 어려워 보이지는 않는다. 하지만 우주선이 그토록 오래 우주를 여행한 뒤에도 로켓의 모든 부품들이 믿음직스럽게 작동하려면 대단히 발달된 기술이 필요하다. 언젠가는 이 문제가 풀리겠지만, 가까운 시일이 아니라 먼 미래에나 가능할 것이다.

우주선의 세부 구조가 어떻든 간에 미생물이라면 아주 많은 수를 운반할 수 있다. 오늘날의 로켓들을 기준으로 판단할 때, 100킬로그램의 탑재량은 제법 합리적이다. 세균은 매우 작기 때문에 우주선의 공간이라면 10^{16}개에서 10^{17}개쯤 담긴다. 여러 꾸러미로 나누어서 포장해도 될 것이다. 그리고 행성의 상공 여기저기에 이 꾸러미들을 흩뜨림으로써 세균들을 이곳저곳에 착륙시키는 것이다. 꾸러미는 단단한 껍데기에 싸여 있어야 한다. 대기를 고속으로 통과할 때 발생되는 마찰열을 견뎌야 하고, 바다에 부딪칠 때의 충격에도 살아남아야 하기 때문이다(땅에 떨어진 것은 아마도 종적 없이 사라질 것이다). 일단 물에 들어가면 꾸러미의 껍데기는 녹아 세균을 밖으로 내놓아야 한다. 이런 조건들은 우리가 조금만 창의성을 발휘한다면 쉽게 충족시킬 수 있다. 여러 꾸러미로 전달할 때의 또 다른 이점은 많은 세균이 부적합한 장소에 떨어지더라도 소수가 운 좋게 알맞은 환경에 떨어지면 된다는 점이다. 세균이 없는 행성을 감염시키는 데 필요한 세균의 수는 아주 적다. 세균이 무사히 자라고 분열할 수 있다면 단 한 마리로도 가능할 것이다.

우리는 많은 양의 세균을 보낼 수 있으므로 한 종류 이상을 보내는 것이 합리적이다. 정확히 어떤 세균을 고를 것인가는 우리가 판단할 문제가 아니다. 이것은 로켓을 보내는 행성에 어떤 미생물들이 존재하는가에 좌우되기 때문이다. 새 행성의 대기에는 산소가 부족할 것이기 때문에 유산소 대사를 선호하는 미생물을 보내봐야 시간 낭비다. 새 행성의 환경과 상관없이 두루 적응할 수 있는 미생물을 보내는 것이 좋다. 미생물은 유기 화합물을 에너지원으로 활용하겠지만, 일부는 무기질의 에너지를 사용할지도 모른다. 광합성은 아주 바람직한 능력일 것이다. 포자 생성 능력도 최소한 일부 생물들에게는 그럴 것이다. 어쩌면 아예 새로운 미생물 계통, 즉 생물 발생 이전의 조건들에 잘 대처할 미생물을 설계하고 개발해서 보낼 수도 있다. 다만 하나의 생물 속에 바람직한 성질들을 전부 집어 넣는 것이 나을지 여러 종류의 생물을 보내는 편이 나을지는 확실하지 않다.

어느 쪽이 최선이든, 현재로서는 그다지 어려운 숙제는 아닐 것이다. 이런 연구는 사실 지금도 충분히 실시할 수 있다. 우리는 이미 생물체의 유전적 조성, 특히 미생물의 유전적 조성을 조작하는 강력한 기술들을 개발했다. 참고로 1976년에 화성의 생물체 거주 가능성을 연구했던 결과를 보면, 그곳에서 서식할 만한 미생물로 제일 유망한 후보는 오늘날 지구의 남조류와 비슷한 생물이라고 했다. 그런데 앞에서도 말했듯이 우리가 아는 최초의 미세화석이 바로 남조류다. 제법 충격적인 일이 아닐 수 없다.

그렇다면 얼마나 발달된 미생물을 보내야 할까? 이것을 결정하는 것은 좀 더 어렵다. 아무리 단순한 형태라도 좋으니 일단 생명을 진화시키는 것이 관건이라면, 또한 이 일이 위험하고 어려울 것으로 판단된다면, 그때는 더 단순하고 튼튼한 미생물일수록 좋다. 하지만 일단 적합한 행성에 닿은 이후 생명의 발달이 비교적 쉬울 것으로 판단된다면, 조금이라도 더 발달된 미생물을 보내는 편이 합리적이다. 진화가 가급적 유리한 고지에서 시작될 수 있기 때문이다. 우리에게 미생물을 고를 수 있는 선택권이 주어진다면, 우리는 틀림없이 진핵생물을 선택할 것이다. 염색체와 진정한 핵이 있고, 액틴actin이나 튜불린tubulin처럼 세포와 세포 내부 구조들에게 운동성을 부여하는 유용한 고분자가 있는 세포 말이다. 효모가 좋은 예인데, 효모는 산소를 써서 증식하지만 산소가 없어도 살 수 있기 때문이다.

만약에 지구 역사 초기에 그런 생물체가 지구로 보내졌다는 가설이 사실이라도, 오늘날의 화석 기록에는 그 자취가 없다.

현재의 진핵생물들은 훨씬 후대에 등장했다. 물론 애초부터 진핵생물이 지구로 보내진 것이 사실이지만, 지구에 더 잘 적응한 세균과의 경쟁에서 패배했다고 주장할 수도 있을 것이다. 어쩌면 원시 바다에 주어졌던 먹이가 바닥나자 멸종했을지도 모른다. 또 어쩌면 그 생물이 생존 투쟁에서 살아남기 위해 더 단순한 형태로 진화하며 정교한 속성들을 버렸을지도 모른다. 만일 여러 종류의 미생물들이 혼합되어 보내진 경우라면, 그것들이 이곳에 뿌리를 내린 뒤 모조리 죽었다고 보기 어렵다. 그 자그마한 생물체들은 굉장히 강인하고 다재다능하기 때문이다. 그렇다면 과연 어떤 종류의 생물이 우위를 점했을지 궁금하지만, 우리의 일상적인 경험과 너무나도 동떨어진 환경에 대해서 그런 판단을 내리기란 쉽지 않다. 실험이 불가능한 상황이라서 더욱 그렇다.

지금까지 논의에서 선명하게 떠오르는 사실은 한 가지다. 생물 발생 이전의 바다에서는, 특히 비산화성 대기 아래에서는 일부 미생물이 고등 생물과는 비교도 안 될 만큼 훨씬 더 유리하다는 점이다. 미생물은 화학적으로 다재다능하고 산소가 꼭 필요한 것도 아니며 덩치가 작아서 빠르게 증식한다. 더구나 우주선의 승객으로서도 바람직한 성질이 많다는 것(작은 크기, 냉동과 해동을 견디는 능력, 복사로 인한 손상에 덜 민감한 것)을 떠올리면, 미생물이야말로 행성 간 파종에 가장 이상적인 존재다. 인간도 언젠가 태양계라는 좁은 구속을 벗어나 먼 우주로 여행을 떠

날지도 모르지만, 그 거리가 얼마이든 세균은 그보다 더 멀리 갈 수 있다. 기술이 아무리 발전하더라도 세균의 이러한 우위는 계속 유지될 것이다.

이 사실은 언젠가 우주여행이 쉬워져 바로 인간을 보낼 수 있을 테니 굳이 세균을 고려할 필요가 없다고 주장하는 사람들에게도 대답이 되어준다. 설령 그들의 말이 옳더라도, 우리는 세균을 활용한 정향 범종설이 더 그럴듯해 보이는 가상의 상황을 얼마든지 상상할 수 있다. 40억 년 전에 우리와 가까운 은하인 안드로메다에서 고등 생명이 발달했다고 가정하자. 지구에는 아직 생명이 없었다. 재주 좋은 그 생물체는 안드로메다 은하를 식민화하는 것에 성공했지만, 이웃 은하로 건너가는 것은 그들에게조차 기술적으로 어려운 문제였다고 하자. 그들은 안드로메다에서 우리 은하까지 100만 광년쯤 되는 거리를 직접 여행하는 것이 불가능하다고 판단했다. 우리의 논리와 마찬가지로 자신들보다 세균이 더 멀리 갈 수 있다고 판단한 것이다. 그래서 그들은 우주선 가득 미생물을 채워 내보냈다. 그들이 기나긴 여정에 적합한 우주선을 어떻게 만들었을지는 잘 모르겠지만, 딱 잘라 불가능하다고 말하는 것은 성급하다. 미래에 어떤 기술이 발전할지 모두 내다보기란 어려운 법이니 말이다.

세균이 그토록 이상적인 승객이라면 혹시라도 사람에게는 쓸 수 없지만 세균들에게는 충분히 활용 가능한 추진 기법이

·············· 12장 로켓의 설계

있을까? 여기 가능성 있는 후보가 하나 있다. 마이클 마우트너Michael Mautner(미국 우주생물학자)와 그레고리 매트로프Gregory Matloff(미국 천문학자)는 로켓 문제에 관해 굉장히 참신한 방법을 제안했는데, 발전된 태양광 돛으로 우주선을 추진하자는 발상이다. 돛은 표면적이 넓고 무척 얇아야 한다. 그래야만 태양복사의 압력이 태양 중력의 인력을 능가하기 때문이다. 두 사람의 계산에 따르면, 돛의 질량이 제곱센티미터당 약 0.1밀리그램이라면 (이미 충분히 가능하다) 이는 우주선을 태양에서 벗어나게 할 만큼 충분히 얇은 두께고, 만약 그보다 얇다면 더 빨리 움직일 수 있을 것이라고 했다. 이 방법으로는 광속의 100분의 1 수준의 초고속은 얻을 수 없지만, 광속의 1만분의 1에서 1,000분의 1 사이는 가능할 것이다. 하지만 이런 느린 속력으로는 우주선으로 가능한 우주여행의 범위가 제한된다. 광속의 1,000분의 1로 잡더라도 겨우 10광년을 가는 데 1만 년이 걸린다. 이것은 분명 상당한 제약이지만 우리는 이 발상의 큰 이점을 함께 고려해서 평가해야 한다. 그 이점이란 여행의 끝에 요구되는 감속 작업을 태양광 돛으로 충분히 해낼 수 있으므로 굳이 많은 연료를 싣고 다닐 필요가 없다는 것이다. 물론 소량의 연료는 필요하다. 수많은 꾸러미로 잘게 나뉜 세균들을 저 아래 행성으로 낙하시켜 그중 적어도 일부가 행성 궤도에 무사히 안착되도록 만들어야 하니 말이다.

마우트너와 매트로프는 우주선의 탑재량이 10톤일 경우 돛의 반지름은 180미터가량이면 된다고 계산했다. 이런 우주선의 상세 구조는 일반적인 우주선보다 훨씬 더 복잡하겠지만, 어쨌든 이 제안은 세균이 더 멀리 갈 수 있다는 명제를 지지하는 셈이다. 어떤 추진 기법을 쓰든 우주선의 비행 범위가 얼마나 되든, 태양광 돛으로 10광년을 이동하는 짧은 여행이든 더 발전된 기술로 안드로메다에서 지구까지 200만 광년을 오는 긴 여행이든, 세균이 우리보다 더 멀리 갈 수 있다는 명제는 늘 참일 것이다.

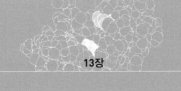

13장

두 이론 비교하기

LIFE ITSELF

~

외계에서 온 것인가, 스스로 진화한 것인가

앞에서 살펴본 논증들에 따르면, 정향 범종설은 결코 터무니없는 생각이 아니다. 우리에게는 지구 생명의 기원에 관하여 두 가지 이론이 있는데, 두 이론은 극단적으로 다르다. 첫 번째 정통적인 이론에 따르면, 우리가 아는 형태의 생명은 지구에서 스스로 시작되었다. 태양계 바깥으로부터의 도움은 거의, 아니 어쩌면 전혀 받지 않았다. 두 번째 이론인 정향 범종설은 지구 생명의 뿌리가 우주의 다른 장소, 즉 다른 행성에 있었을 것이라고 본다. 지구에 이렇다 할 것이 등장하기 전에 그곳에서는 벌써 생명이 고도로 발달했고, 그 발전된 문명이 모종의 우주선에 미생물을 실어 지구로 보냈으며, 그 미생물이 이곳에서 싹을 틔웠다는 것이다.

두 이론은 그야말로 천지차이인데, 우리는 이 차이가 얼마나 중요한지를 묻지 않을 수 없다. 현재의 우주에서는 시간의 최초 기원, 즉 빅뱅이 있었지만, 이렇게 이른 단계에서는 형태를 불문하고 그 어떤 생명도 존재할 수 없었을 것이다. 따라서 생명은 빅뱅으로부터 어느 정도 시간이 흐른 뒤에야 어디선가 생겨났을 것이다.

누군가는 정향 범종설이 지구 생명 기원의 넓고 복잡한 문제를 장소라는 좁은 문제로 한정지은 것뿐이라고 지적할지도 모른다. 절반쯤은 옳은 지적이다. 하지만 장소는 분명 핵심적인 문제였을 것이다. 어떤 이유에서든 지구에서는 생명이 발생하는 것이 거의 불가능했을지도 모르고, 조건이 더 좋은 다른 행성에서는 생명이 더 쉽게 시작되고 더 빨리 진화했을지도 모른다. 어쩌면 지구가 거느린 달이라는 특이한 위성은 유리한 속성이 아니라 장애물이었을지도 모른다. 물론 다른 곳에서의 생명 발생이 훨씬 그럴듯하다고 지지하는 강력한 이유를 들 수는 없지만, 지구도 어디 못지않게 조건이 좋았다고 덮어놓고 가정하는 것 역시 성급하다. 생명의 기원이 이곳인가 다른 곳인가 하는 것은 기본적으로 역사적 사실이다. 우리가 현재 상황에서 무의미한 문제라고 대뜸 밀쳐버릴 수는 없는 것이다.

그러니 두 이론으로 돌아가자. 두 이론은 극단적으로 다르다. 어느 쪽이 더 정확한지 결정할 수 있을까? 특히 정향 범종설을 설득력 있게 지지하거나 반박하는 증거를 모을 수 있을까? 한 가지 단서는 현생 생물체의 몸에 들어 있다. 진화는 참으로 다양한 분자들과 여러 화학반응들을 만들어냈지만, 모든 생명에는 몇 가지 공통되는 속성이 있다. 요즘 과학자들은 여러 생물들로부터 점점 더 많은 데이터를 공들여 수집함으로써 특정 분자들(예를 들어 tRNA)의 계통수를 짜 맞추기 시작했다. 그런 분자들의 최초 선조가 어떤 속성을 갖고 있었는지를 유추하려는 것이다. 이 작업은 아직 한창 진행 중이지만, 그중에서도 굉장한 보편성으로 당장 사람들의 관심을 끌기 충분했던 속성이 있다. 바로 부록에 설명한 유전부호다. 과학자들이 지금까지 조사한 생물들은 미토콘드리아를 제외하고는 유전부호가 모두 같았다. 미토콘드리아도 차이가 크지 않았다. 만일 부호의 세부 사항들에 대해 그 구조를 설명할 명백한 이유가 존재한다면, 가령 특정 아미노산이 특정 코돈하고만 결합하는 이유가 그 분자들의 구조가 잘 들어맞기 때문이라면, 이 현상이 그리 놀랍지 않았을 것이다. 지금까지 여러 연구자들이 이런 설명을 과감하게 제안했지만, 다들 설득력이 부족했다. 부호의 세부 사항들은 주로 우연의 결과라고 보는 편이 옳을 것이다. 설령 초기의 일부 코돈들은 그저 우연이 아니라 모종의 화학적 논리를 따랐더라도, 또한 부호의 몇몇 보편적인 속성들은 어떻게든 설명이 가능하더라도, 적어도 현재로서는 부호의 세부 사항들이 전부 명백한 화학적 이유에서 결정되었다고 보기 어렵다.

이 부호가 우리에게 암시하는 바는 무엇일까? 그것은 생명이 어느 단계에서든 한 번은 병목을 거쳤다는 사실이다. 즉 상호교배하는 하나의 작은 개체군으로부터 이후의 모든 생명들이 유래했다는 것이다.

그런 병목이 지구 생명의 진화 초기에 벌어지지 말았어야 할 이유는 없다. 어쩌면 하나의 부호 형태가 다른 다양한 형태들보다 훨씬 나았을지도 모른다. 그 부호를 지닌 개체들은 경쟁자들에 비해 선택적 이득을 누렸고, 이 때문에 다른 부호 형태들은 죄다 멸종하고 결국 하나의 형태만 남았을지도 모른다. 그렇지만 오늘날에도 부호가 여러 형태가 아니라는 점은 여전히 놀랍다. 미토콘드리아의 부호가 약간 다르다는 점이 의문이지만, 지금까지 우리는 수많은 생물들 중 소수에 대해서만 실제로 유전부호를 조사했다. 어차피 부호는 다 같다고 생각되기 때문에 구태여 이 문제에 시간을 쏟는 사람이 없었다. 그렇기 때문에 어쩌면 앞으로 더 다양한 형태들이 발견될지도 모른다. 다만 정말로 그럴 때까지는 유전부호의 보편성이 정향 범종설을 조금이나마 지지하는 증거로 여겨질 수 있다.

모든 생명의 공통점 중에서 특이한 것이 또 있을까? 오겔과 나는 모든 생물체에 몰리브데넘molybdenum 원소가 유달리 풍부하다는 점을 첫 논문에서 지적했다. 바위에 자연적으로 존재하는 양보다 더 많다는 뜻이다. 그러자 여러 사람들이 바위에는 몰리브데넘이 드물지만 바닷물에는 흔하다고 알려주었다. 이에 대해 오겔은 오늘날의 바다는 그럴지 몰라도 생물 발생 이전의 바다는 아니었을 것이라고 대답했다. 당시의 환경은 지금보다 더 환원성이었기 때문에 염들에 용해성이 있었을 것이라고 주장했다. 설령 오겔의 주장을 인정하더라도 이것이 정향 범종설을 지지하기에는 미약한 것이 사실이다. 정말로 생물 발생 이전 바다에 몰리브데넘이 적었더라도, 초기 생물들은 어떻게든 자기 내부에 그 원소를 농축시키는 방법을 알아냈을지도 모른다.

정향 범종설을 평가하기에 더 나은 접근법은 정향 범종설이 실제로 벌어졌다고 가정할 때 화석 기록에서 어떤 특징들이 발견될 것인가를 생각해보는 것이다. 정향 범종설이 사실이라면 미생물들이 지구에서 갑자기 솟아난 것처럼 보여야 한다. 생물 발생 이전 단계의 어떤 계나 아주 원시적인 생물이 존재했던 증거는 없어야 한다. 하나가 아닌 여러 종류의 미생물들이 갑자기 등장하는 경우도 가능한데, 이때 이 미생물들은 서로 먼 연관관계는 있을지 몰라도 제각기 독특해 보일 것이다. 우리는 이 미생물들의 과도기에 해당하는 선조 형태를 추적할 수는 없다. 그 형태들은 지구로 미생물을 보낸 원래의 행성에만 존재하기 때문에 지구에는 없는 것이다. 그런 독특한 미생물들 중에서 남조류를 닮은 것이 있더라도 놀랄 일은 아니다. 앞에서 이미 우리는 남조류가 원시 생물의 유망한 후보임을 살펴보았기 때문이다.

놀랍게도 초기의 화석 기록이나 오늘날의 분자들을 연구해 알아낸 초기의 진화 계통수는 정확하게 이런 속성을 가지고 있다. 지금까지 알려진 최초의 화석은 실제로 남조류를 닮았고, 이들이 지구 역사에서 비교적 이른 시기에 등장한 점을 감안할 때 그 단계에서 벌써 완전히 형성된 상태였다는 점은 좀 놀랍게 느껴진다. 그리고 과학자들이 분자 계통수를 거슬러 올라가본 결과, 처음부터 이미 서로 연관관계가 없는 듯한 여러 종류의 독특한 분자들이 있었던 것 같다. 따라서 이런 증거들은 정향 범종설을 반박하기는커녕 최소한이지만 약간은 지지한다고 볼 수 있다.

하지만 안타깝게도 이런 증거들은 자세히 살펴보면 볼수록 취약하게 느껴진다. 우리는 지금으로부터 약 36억 년 전에서 46억 년 전에 해당하는 퇴적암의 표본들을 순서대로 갖추지 못했다. 하물며 그보다 더 과거의 화석은 당연히 없다. 우리는 남조류가 일찌감치 생겨났다고 놀라지만, 어쩌면 그것들은 그보다 10억 년 더 빠른 시점부터 있었을지도 모른다. 우리는 생물 발생 이전의 진화 속도를 화석과는 독립적으로 계산할 방법이 없다. 따라서 우리가 남조류의 등장이 이르다며 놀라는 것은 우리의 무지를 반영한 일일지도 모른다. 우리가 미생물이 등장한 시기를 후대로 짐작했던 것 역시 그저 근거 없는 추측이었을지도 모른다. 분자 계통수도 마찬가지다. 분자 계통수가 하나의 단서임은 분명하지만, 지금으로서는 그 그림이 너무나 조각조각이라서 어떤 이론도 강하게 뒷받침할 수 없다. 이번에도 우리가 내릴 수 있는 결론이란 고작 그 데이터가 최소한 정향 범종설을 반박하지는 않으며 어쩌면 지지할지도 모른다는 것뿐이다.

그렇다면 이제는 논쟁의 반대편을 살펴볼 차례다. 정향 범종설을 거부할 타당한 이유가 있을까? 정향 범종설 지지자를 불편하게 만들 만한 논증이 한두 가지 있기는 하다.

하나는 무거운 원소들을 풍부하게 갖고 있는 별의 나이에 대한 지적이다. 이런 별의 나이는 우주의 나이보다 몇 십억 년쯤 적을 것이다. 우주의 나이는 아직 논란의 대상이지만, 앞으로 그 수치가 현재의 추정 범위에서 짧은 쪽에 가깝다고 밝혀진다면 별의 나이도 60억 년이나 70억 년으로 짧아질 것이다. 그렇다면 문명의 발전에 허락되는 시간도 20억 년이나 30억 년으로 짧아질 것이다. 따라서 로켓을 쏠 만한 고등 문명이 생겨나고 발전할 수 없었을 것이라는 지적이다.

하지만 곰곰이 따져보면 이 반론은 큰 파괴력이 없다. 왜 20억 년으로는 부족하단 말인가? 앞에서 말했듯이 지구 진화에서 미생물이 차지한 기간은 무려 20억 년 이상이었다. 만약에 다른 행성에서 이 기간이 단축되어 5억 년이 된다면, 그리고 생물 발생 이전 단계가 그리 길지 않다면, 20억 년 만에 아무것도 없는 황무지 같은 곳에서 고등 생물이 진화하는 일도 불가능하지 않을 것이다. 지구 진화의 마지막 단계에 고작 6억 년
(단단한 몸통을 지닌 최초의 생물체에서 인간까지 걸린 시간을 화석 기록으로 계

산한 값)이 걸렸던 것을 볼 때, 이전 단계들도 좀 더 유리한 환경에서는 좀 더 빨리 진행되지 않을까? 따라서 이 이유로도 정향범종설을 반박하기는 어렵다. 혹시라도 태양이 생명 진화에 필요한 별들 중에서 제일 오래된 축이라는 사실이 새롭게 밝혀진다면 모르겠지만, 현재의 증거로는 그럴 것 같지 않다.

더 설득력 있는 반론은 초기 바위에 진핵생물의 흔적이 없다는 점일지도 모른다. 만약에 우리가 먼 행성으로 미생물을 보낸다면, 여러 종류의 원핵생물을 우선적으로 챙기겠지만 한두 종류의 진핵생물도 세심하게 골라서 함께 보낼 것이다. 왜 세심하게 골라야 할까? 지구의 모든 진핵생물들은 산소를 활용해 대사 활동을 한다. 산소를 활용한 대사 활동은 산소 없이 먹이를 처리하는 당 분해 과정보다 훨씬 효율적이다.

지구의 진핵생물 중에서 산소 없이 생존하는 종류는 효모를 비롯한 소수에 지나지 않는다. 따라서 우리는 기존의 종들을 바탕으로 아예 새로운 진핵생물을 개발하는 편이 낫다. 생물 발생 이전 조건에서도 생존할 수 있는 특수한 진핵생물을 설계하는 것이다. 왜 그래야 할까? 우리가 효모 같은 종류를 골라 보내더라도 산소가 거의 없거나 전혀 없는 환경에서는 생물의 산소 활용 능력이 금세 사라지기 때문이다. 잠재적으로 유용한 속성을 잃어버리는 이런 경향은 진핵생물의 다른 장기들에도 똑같이 적용된다. 예를 들어보자. 진핵생물의 기본적인 성공 비결이자 그들이 수많은 종으로 분화할 수 있었던 비결로 흔히 식균작용 능력을 꼽는다. 식균작용이란 자신보다 더 작은 생물을 잡아먹는 것을 말하는데, 그 능력 덕분에 먹이사슬이 생겨났고, 더 폭넓은 다양화의 기회가 열렸다.

진핵생물은 식균작용을 위해서 미세소관microtubule, 미오신myosin, 액틴 등 여러 특수한 구조들을 진화시켰다. 이런 구조들 덕분에 생물은 제 몸을 움직일 수 있었고, 다른 생물을 삼킬 수 있었다. 그런데 생물 발생 이전의 조건에서는 주변에 미생물들이 우글거릴 가능성이 낮다. 특히 정향 범종설의 원리에 따라 이제 막 감염된 바다에서는 더 그렇다. 먹이가 충분하지 않아 밀도 높은 개체군을 유지할 수 없었을 것이기 때문이다. 그런 초기 단계에서는 오히려 세포들의 수가 적었을 뿐만 아니라 서로 멀리 떨어져 있었을 것이다. 이런 환경에서는 다른 생물을 잡아먹는 능력이 별로 유용하지 않다. 다른 생물을 마주치는 것조차 어려웠기 때문에 먹이 공급은 일부에게나 가능했을 것이다. 그렇다면 자연선택은 그 생물에게서 잉여에 가까운 구조들을 모두 제거함으로써 에너지를 절약하는 동시에 수프를 활용하는 다른 구조들을 진화시키는 것에 집중했을 것이다.

마지막으로 산소 대사나 식균작용 이외에 또 유용한 성질을 꼽는다면 그것은 바로 광합성 능력이다. 우리가 미생물을 골라 보낸다면, 복잡하지만 보람찬 이 기능을 수행할 줄 아는 생물들을 틀림없이 포함시킬 것이다. 태양에서 에너지를 많이 얻을수록 수프에 의존할 필요가 없기 때문이다. 그런데 지금까지 알려진 최초의 화석 세포가 바로 이런 종류인 남조류였다. 이것 역시 반론을 지지하기는커녕 미약하게나마 정향 범종설을 지지한다.

정리해보자. 우리는 아주 만족스럽지 못한 상황에 놓여 있다. 우리에게는 전혀 다른 두 이론이 있다. 하지만 어느 쪽이 더 옳고 정확한지를 가늠할 수 없다. 하물며 어느 쪽이라고 분명하게 정하는 것은 더욱 불가능하다. 왜 그럴까? 이론들에 결함이 있어서일까 아니면 주제 자체가 특별히 어려워서일까.

내가 볼 때 정향 범종설에는 두 가지 비판이 가능한데, 성격이 정반대다. 첫 번째는 내 아내도 지적한 내용으로, 정향 범종설이 진정한 이론이라기보다 과학소설처럼 보인다는 점이다. 이것은 칭찬이 아니다. 물론 칭찬으로 받아들일 수는 있다. 이런 이야기가 있다. 한번은 정보국이 목적을 밝히지 않은 채 저명한 과학자들을 불러 모아 조언을 구했다. 당국은 모임이 시작된 뒤에야 그 모임의 목적을 밝혔는데, 과학의 향후 발전 방향을 파악함으로써 미래의 기술이 자신들의 임무에 미칠 영향에 대비하고 싶다고 했다. 그러자 유명한 물리학자가 자리에서 일어나 사람을 잘못 초청했다며 다음과 같이 말했다. "우리 과학자들은 다들 너무 건전합니다. 그래서 보수적입니다. 당신들이 문의할 사람은 과학소설 작가들입니다. 미래를 선명하게 내다보는 사람은 우리가 아니라 그들입니다."

일리 있는 말이다. 다만 옥석을 구분할 필요는 있다. 허버트

웰스Herbert Wells나 쥘 베른Jules Verne 같은 초창기 과학소설 작가들은 제법 자랑할 만한 성과를 거두었다. 그들은 소설에서 인간의 달 탐사, 놀라운 잠수함 등을 묘사했는데 이런 것들은 결국 현실이 되었다. 한편 과학자들이 미래를 잘 내다보지 못한다는 말은 어느 정도 일리가 있다. 선구적인 과학자들이 이런저런 일들은 미래에도 결코 벌어지지 않을 것이라고 한심한 발언을 한 예가 많기 때문이다. 하지만 내 아내는 이런 상황을 염두에 두고 말한 것이 아니었다. 아내의 말은 정향 범종설이 통상적인 과학소설의 장식들을 너무 많이 갖고 있다는 뜻이었다. 우주 어딘가에 존재하는 우월한 문명, 놀라운 출력을 자랑하는 로켓(남성의 상징?), 처녀지인 지구를 감염시키려고 바삐 움직이는 작은 미생물들. 대체 어떻게 이런 소리를 진지하게 받아들일 수 있단 말인가? 이런 생각은 UFO, 에리히 폰 데니켄의《신들의 전차Chariots of the Gods》와 같은 사이비 종교, 그 밖의 여러 흔하고 한심한 우리 시대의 헛소리들을 떠올리게 하지 않는가?

내 대답은 이렇다. 정향 범종설이 과학소설의 낙인을 많이 품고 있는 것은 사실이지만, 그 요체는 훨씬 더 건실하다. 과학소설이 과학적으로 전혀 신빙성 없는 기반에서 상상력의 비약을 꾀하고는 그 사실을 감추기 위해 기반을 그럴싸하게 얼버무리곤 하는 것에 반해, 정향 범종설은 절대 상상력의 비약을 드러내지 않는다. 정향 범종설의 시나리오에 기여하는 세부 사항들은 오늘날의 과학 지식에 바탕을 두고 있다. 우주의 나이, 행성들의 존재 가능성, 생물 발생 이전의 바다 조성, 역경에 대처하는 세균의 강인함과 대부분의 생물들이 죽어버릴 환경에서도 번성하는 끈질긴 생명력, 로켓의 설계 등이 모두 그렇다. 오히려 정향 범종설은 전체적으로 상상력이 빈약한 편이고, 충분히 가능성 있는 사실들만을 연속적으로 이어서 구축한 이론이라고 묘사해야 옳다.

이 사실은 두 번째 비판으로도 이어지는데, 정향 범종설이 지나치게 평범해서 오히려 사실이 아닐 것 같다는 점이다. 달리 말해 정향 범종설은 현재의 기술과 향후 수십 년 안에 논리적으로 이루어질 발전만을 바탕으로 구축되었다는 말이다. 반대론자는 이렇게 지적한다. 외계에 있다는 그 발전된 문명은 현재의 우리 기술 수준에 그치지 않고 분명히 그 이상 나아갔을 것이다. 훨씬 더 나아가 우리가 짐작조차 할 수 없는 고도의 과학기술을 달성했을 것이다. 그렇다면 우리가 지금 아는 내용만을 기반으로 삼아 논증을 펼친다는 것이 바보스러운 짓은 아닐까? 그런 논증은 보나마나 틀린 것 아닐까?

이 반론은 제법 힘이 있지만, 여러 방면에서 반박할 수 있다. 우선 강조할 점은 오겔과 내가 과학 이론을 구축하려고 노력했다는 점이다. 어떤 일이든 장기적으로는 모든 것이 가능하다고 말하는 것은 과학이 아니다. 게다가 현재 우리에게는 태양계 밖 행성으로 세균을 보낼 기술이 없다. 이런 기술을 발전시킬 기반은 잘 갖추고 있지만 말이다. 또한 우주로 생명을 퍼뜨리는 일이 반드시 우리가 묘사한 방식에 따라서 실현되어야 하는 것은 아니다. 어쩌면 더 나은 가능성을 제공하는 새로운 기술이 등장할지도 모른다. 성공 확률이 높은 기술의 등장으로 이번 세기 내에 그 일이 가능해질지도 모른다.

마지막으로 만약에 내가 이런저런 반박에 다 실패하여 막다른 궁지에 몰린다면, 나는 '세균은 더 멀리 갈 수 있다'는 표어를 의연히 치켜들 것이다. 그 어떤 새로운 기술이 발명되더라도 이 표어는 여전히 사실을 주장할 것이다. 물론 미래의 일은 누구도 모르는 법이라 약간의 불안은 느끼겠지만 말이다. 인간이 도달할 수 있는 범위에는 늘 한계가 있을 것이다. 세균은 넘을 수 있지만 우리가 넘을 수 없는 한계도 늘 있을 것이다. 앞으로 수백 년이 지나면 우주여행은 누워서 떡 먹기가 될 것이라고 말하는 누군가에게 나는 이렇게 묻겠다. "그 로켓은 안드로메다까지 갈 수 있습니까? 갈 수 있다면 당신은 무엇을 태워 보낼 건가요?"

내가 볼 때 이런 반론들은 그다지 생산적이지 않은데, 그 이유는 핵심을 찌르지 않기 때문이다. 우리가 집중해야 할 것은 정향 범종설이 주는 느낌이 아니라 이것이 과연 과학 이론으로서 적합한가의 문제다. 그렇다면 과학 이론으로서 정향 범종설을 따져보자. 그 결과는 어떨까? 안타깝게도 정향 범종설은 이 점에서도 몇 가지 결함이 있다.

첫 번째는 이론을 구축하는 데 사용된 증거들이 대부분 배경을 스케치한 것에 지나지 않는다는 점이다. 진지하게 곱씹을 만한 증거는 단 하나, 유전부호의 보편성이지만 그나마도 아주 튼튼하게 확립된 사실은 아니다.

난처하게도, 오겔과 내가 정향 범종설을 떠올린 것은 유전부호의 보편성이라는 그 뜻밖의 사실을 숙고하던 과정에서였다. 나의 원칙에 따르면, 우리는 이론을 시험할 때 그 사실에 지나치게 의존해서는 안 된다. 경우에 따라서는 일말의 의존도 허용해서는 안 된다. 모름지기 성공적인 이론이란 당시에 미처 알려지지 않았던 사실들을 정확하게 예측해야 한다. 당시에 잘못 알려졌던 사실들이라면 더욱 좋다. 좋은 이론에는 적어도 두 가지 특징이 있다. 하나 이상의 다른 대안과 날카롭게 대조된다는 점, 그리고 시험 가능한 예측을 제공한다는 점이다. 세 번째 특징을 꼽으라면 심오함, 즉 폭넓은 관찰에 적용된다는 점이겠지만 이것은 우리 이야기에는 적용되지 않는다.

정향 범종설이 첫 번째 조건을 만족시킨다는 것은 분명하므로, 두 번째 조건을 살펴보자. 정향 범종설은 뚜렷한 예측을 제공한다. 지구에서 최초의 생물들이 갑자기 솟아난 것처럼 보여야 하며 그보다 더 단순한 전구물질의 징후는 없어야 한다는 것이다. 여러 종류의 독특한 미생물들이 대체로 동시에 등장해야 한다는 예측도 가능한데, 이것은 타당하기는 해도 이론의 성공에 필수적인 요소는 아니다. 만약에 우리가 최초의 세포들에 대한 화석 기록을 온전하게 얻을 수 있다면, 이 문제를 이렇게든 저렇게든 결정지을 수 있을 것이다. 그러니 정향 범종설을 완전히 헛된 이론이라고 할 수는 없는 것이다.

문제는 이 이론의 성질이 아니라 적절한 증거가 너무 부족하다는 점이다. 초기에 형성된 퇴적암들은 오랜 세월을 겪으면서 한 번쯤은 지각 밑으로 들어가 완전히 망가졌다. 설령 좋은 표본들이 있고 앞으로는 정말 더 많은 화석 기록이 발견될 것이라고 해도, 결정적인 증거가 누락되지 않았다고 확신해도 좋을 만큼 기록이 완벽하기는 어렵다. 인간처럼 큰 동물에 대해서도 그 진화 역사를 자세히 추적하기 힘들다. 인간의 진화는 지질학적 시간 규모에서 극히 최근의 사건이었는데도 말이다. 그러니 최초의 세포들을 추적하는 일은 얼마나 어렵겠는가. 화석이 아닌 다른 대안들도 전망이 그리 밝지는 않지만, 유효한 희망을 꼽으라면 현생 생물들로부터 '분자 화석'이라고 부를 만한 고분자를 찾아내는 것이다. 하지만 우리가 두 이론 사이에서 어느 쪽이든 확실하게 결정을 내리려면 대단히 충격적인 증거가 등장하지 않고서는 안 될 것이다.

생물 발생 이전의 상황을 재현하는 방법도 마찬가지로 어렵겠지만 희망적인 두 가지 단서가 있기는 하다. 대단히 극적이라서 더 주목할 만한 그 단서들은 바로 'DNA와 RNA의 상보적 구조'와 '밀러–유리 실험'이다. 이 충격적인 사실들은 분명 생명의 기원과 관련이 있다. 관련이 없는 편이 오히려 더 놀라울 것이다. 하지만 다른 실험들이 더 가능할까? 우리가 시험관에서 단백질 합성을 시작할 수 있을까? 리보솜 없이 오직 mRNA와 약간의 원시 tRNA 분자들 그리고 이들이 나르는 아미노산들만으로 단백질 합성에 성공할 수 있을까? 그게 가능하다면 정말로 극적인 일이다. 우리는 생물 발생 이전의 조건에서 기본 구성 요소들로부터 RNA를 합성할 수 있을까? 충분히 긴 사슬을 상당히 정확하게 생산할 수 있을까? 설령 모든 것이 가능하더라도 지구에서 생명이 발생했다는 가설이 모두를 납득하게 할 만한 확실한 사실이 될까? 정향 범종설은 굳이 생각할 필요가 없는 이론이 될까?

두 이론 사이에서 고민하다 보면, 우리는 이론의 타당성만으로는 어느 쪽도 선택할 수 없다는 깨달음에 이른다. 이것은 우리의 암묵적인 선입견이 타당성 자체를 오염시킨다는 문제와는 또 별개의 문제다. 정향 범종설은 언뜻 허무맹랑한 소리로 들린다. 하지만 이런 첫인상에 확실한 근거가 있을까? 우리가 분자 생물학의 30년 역사에서 배운 교훈은, 타당성만으로는 충분하지 않다는 것이다. 못을 걸쳐놓고 살짝 두드리는 것만으로는 안 된다. 끝까지 단단히 박아야 한다. 어떤 이론에 우리가 원하는 수준의 확실성을 부여하려면 그것을 강하게 벼리고 또 벼려야 한다. 그러나 안타깝게도 정향 범종설의 경우에는 이것이 불가능하다. 나는 생명의 기원에 관한 논문을 쓸 때마다 두 번 다시는 쓰지 않겠노라 다짐한다. 너무나 부족한 사실을 놓고서 너무나 많은 추론을 펼쳐야 하기 때문인데, 그럼에도 불구하고 나는 번번이 결심을 고수하지 못한다. 이 주제가 너무나 매력적이기 때문이다.

정향 범종설에 대한 가장 친절한 평가는 이것이 과학 이론으로서 유효하기는 하되 이론으로서는 미숙하다는 것이다. 그렇다면 당연히 다음과 같은 질문이 따른다. 이 이론의 시대가 오기나 할까? 이 대목에서 우리는 조심스러울 필요가 있다. 과학의 역사에는 훌륭한 과학적 이유에 근거하여 앞으로도 이런저런 일은 영원히 발견되지 않거나 영원히 불가능할 것이라고 단언했던 사례가 너무나 많다. '별이 무엇으로 만들어졌는지는 영원히 알아낼 수 없을 것이다', '핵에너지 활용은 영원히 불가능할 것이다', '우주여행은 헛소리다' 이런 부정적인 예언들이 얼마나 짧은 시간 내에 뒤집혔는지 생각해보라. 나는 이 세상에 불가능한 일은 없다고 말하는 것이 아니다. 나는 공중부양 따위는 절대로 불가능하다고 믿는다(이것은 과학적인 사람과 잘 속는 사람을 판별하는 좋은 시험 문제다).* 하지만 공중부양은 한편으로 밀어두자. 내 요지는 성급한 부정적 예측을 경계해야 한다는 것이다. 개인적으로는 앞으로도 생명의 기원을 확실하게 결정지을 방법은 없으리라고 보지만, 결정의 근거가 되는 증거들은

---

* 내가 말하는 공중부양이란 그 어떤 장치나 도움 없이 의지력만으로 공중에서 몇 분쯤 몸을 띄우고 있는 것이다. 침대에서 앉은 자세로 펄쩍 점프하면서 공중부양이라고 하는 것과는 다르다.

더 많이 쌓일 것이라고 믿는다. 우리가 답을 찾았다고 확신할 만한 수준까지 도달할 수 있느냐 없느냐는 지금으로선 알 수 없지만 말이다. 우리는 그저 이렇게 말할 수 있을 뿐이다. 지구에서 생명이 어떻게 생겨났는지, 더 나아가 다른 세계에서도 생명이 생겨날 수 있었는지의 문제는 우리에게 너무나 중요한 문제다. 그러니 그 답을 찾지 못하는 것은 우리에게 장기적으로 불행한 일이다.

14장

다시 생각해보는
페르미의 질문

LIFE ITSELF

인간이라는 유일무이한 존재

정향 범종설을 넓은 시각으로 살펴보았으니 페르미의 질문으로 잠깐 돌아가자. 정말로 우주 다른 곳에 지적 생명체가 있다면 왜 그들은 여기에 오지 않은 걸까?

마이클 하트Michael Hart(미국 천체물리학자)는 우리가 그들의 흔적을 찾을 수 없는 것으로 보아 우리 은하에는 고도로 진화한 생명이 우리 하나뿐이라고 주장했다. 그의 요지는 이렇다. 만약에 그들이 정말로 존재한다면, 그들이 정확히 우리와 같은 발달 수준에서 멈추었으리라고 상상하는 것은 비합리적이다. 그들은 대단히 발전된 기술을 완성했을 것이고, 그 기술로는 광속의 100분의 1에서 10분의 1 사이의 속력으로 수십 광년의 거리를 여행하는 우주선을 제작할 수 있을 것이다. 덕분에 새로운 식민지를 세우는 것이 가능할 것이고, 새로운 환경에

정착해 삶의 터전을 확장한 이들이 이제 스스로 우주선을 보내어 또 다른 식민지를 세울 것이다. 그들은 그렇게 행성에서 행성으로 건너뛸 테고, 급기야 온 은하로 퍼질 것이다.

그 과정에 걸리는 시간은 우주선의 속력, 정착에 소요되는 평균적인 기간, 그들이 늘 바깥을 향해서 확장하는지 무작위적인 방향으로 여행하는지 등 수많은 요인에 달려 있다. 그런데 놀랍게도 그들이 온 은하를 장악하는 데 걸리는 시간은 어떤 방식으로 계산하더라도 우리 예상만큼 길지 않다. 수치들을 다르게 조합하면 최대 1억 년까지 길어질 수는 있겠지만 그래도 100만 년은 안 될 것이다. 우리 행성이 비교적 늦게 생겨난 것에 반해 다른 곳에서는 생명이 훨씬 더 일찍 시작되었을 수 있다. 그렇다면 그들은 진작 지구에 도달했어야 한다. 이것이 하트의 주장이다.

여러분은 그의 주장이 물 샐 틈 없이 정교한 논증은 아니라는 점을 이미 간파했을 것이다. 어쩌면 다른 적합한 행성으로 승객을 날라 식민지를 세우도록 해주는 우주선을 제작하는 것조차 어려울지 모른다. 감당할 수 없을 만큼 어려운 일이라서 몇몇 고등 문명들은 아예 시도조차 해보지 못했을 것이다. 어쩌면 그들은 이미 기술에 싫증이 나서 전혀 다른 생활 방식을 채택했을지도 모른다.

군터 스텐트Gunther Stent(1924~2008, 미국 분자생물학자)는 인류가 결국 빈둥거리는 즐거움을 택하게 되리라고 예상했는데, 어쩌면 그들도 그랬을지 모른다. 혹은 순수하게 영적인 생활 방식을 계발했을지도 모른다. 아마도 특수하게 제조된 향정신성 약물의 도움을 받지 않을까. 오늘날 우리가 두려워하는 것처럼 그들이 발전된 핵 기술로 스스로를 파괴했을지도 모른다. 특히 우주로의 모험을 갈구할 만큼 공격적인 문명이라면 가능성은 더 높다. 모든 고등 문명들이 이런저런 곁길로 벗어나지는 않았더라도, 즉 알맞은 우주선 제작에 성공한 문명이 늘 얼마쯤은 있었더라도, 이런 요인들로 인한 손실은 제법 컸을지도 모른다.

그들이 다른 행성에 도달했더라도 그곳의 환경은 그들에게 불리했을 것이다. 자신들이 거주하기에 적합하도록 환경을 대대적으로 고쳐야 했을 것이다. 그들은 산소를 활용했을 가능성이 높은데, 그렇다면 먼저 광범위한 규모로 농업을 시행하여 산소를 생산해야 했을 것이다. 식림 사업을 성공적으로 실시하기 위해서는 우주선에서 먼저 대규모 유전공학 실험을 수행해야 했을 텐데, 그들이 데려갈 식물이 그 행성의 대기와 토양에 적합하지 않을 수도 있기 때문이다. 환경 개량 사업이 지나치게 오래 걸린다면 이런저런 사고에 의해서 이주 집단 전체가 절멸될지도 모른다. 아메리카 대륙의 초기 식민지들도 모두 성공하지는 못했고 몇몇 장소는 이런저런 이유에서 버려지지 않았던가. 설령 그들이 새 문명을 세우는 데 성공했더라도, 그 후손들은 어렵고 위험한 이주 사업을 다시금 추구하느니 그곳에서 오래오래 사는 편을 선호했을지도 모른다.

이런 이유들로 손실이 많았던 나머지, 이주 과정은 끊임없이 이어지지 못했을지도 모른다. 생명이 무한히 퍼져나가려면 평균적으로 모든 문명들이 각자 수많은 식민지로 내보내져야 한다. 그래야 적어도 그중 하나가 생존할 것이고, 언젠가 또 그 생존자가 비슷한 수를 식민지로 내보낼 것이다. 한마디로 과거에 은하 전체로 퍼져나가려는 시도가 있었을지라도 처음 몇 단계 이후 명맥이 모두 끊어졌을 가능성이 있다는 것이다.

반대로 그들이 임시 조치로서 정향 범종설을 택했다면 어땠을까? 달리 말해 미생물을 내보내기로 선택한 것이다. 아마도 그들은 스스로를 파괴하거나 식민화에 흥미를 잃기 전에, 즉 기술 발달의 더 이른 단계에 알맞은 우주선을 제작했을 것이다. 미생물을 실은 우주선은 여행의 범위도 더 넓었을 것이다. 하지만 그만큼 우주선 안에서 보내야 하는 시간이 길어진다. 그들도 이 사실을 알았을 것이다. 우주인 집단이 한 행성 전체로 퍼져나가는 데 수천 년, 혹은 수만 년이 걸린다면 미생물 집단은 수십억 년이 걸릴 것이다. 어쩌면 그들은 곳곳에 산소가 풍부한 대기를 마련해두는 장기적 방안으로서 정향 범종설을 고려했을지도 모른다. 언젠가 먼 후손들이 그 장소들을 유용하게 사용하기를 바라는 마음에서 말이다.

사람들은 하트의 은하 식민화 메커니즘을 인정하는 경우라도, 우리 은하에 존재하는 생명이 우리뿐이라는 그의 결론에는 동의하고 싶어 하지 않는다. 사람들은 고등 문명이 실제로 온 은하에 퍼져있지만 모종의 이유 때문에 그 식민주의자들이 오늘날 우리 앞에 모습을 드러내지 않을 뿐이라고 믿고 싶어 한다. 물론 천문학자들 중에서 UFO 목격 증언을 신뢰하는 사람은 거의 없다. 가짜 보고임이 뻔하다는 이유 때문이다. 물론 도무지 설명이 안 되는 관찰이 늘 소수 존재하는 것은 사실이다. 하지만 대중의 공황 혹은 언론의 조장으로 UFO 목격이 유달리 많아지는 시기에는 설명이 불가능한 사례도 그에 비례하여 많아지는 것을 볼 수 있다. 이를 감안하면 이런 사례들도 별 의미는 없을 것이다.

하지만 과거 언젠가, 약 4,000억 년 전에 외계 생물체가 잠시 지구를 조사한 뒤 부적합하다고 판단해 버렸을 가능성도 완전히 배제할 수는 없다. 방문자들에게 우리 행성은 그들이 원하는 이상적인 환경을 갖추지 못한 곳으로 느껴졌을지도 모른다. 어쩌면 생태 친화적 성향의 그들이 이곳의 동식물들을 교란시키는 것을 주저했는지도 모른다. 존 볼John Ball(1794~1884, 미국 천문학자)은 우리가 우주적 자연보호 구역의 일부일지도 모른다고 말했다. 방해 없이 발전할 수 있도록 내버려둔 지역이라는 것이다. 어쩌면 우리는 가까운 별의 행성에 사는 더 고등한 존재들로부터 은밀히 감시를 받는 처지일지도 모른다. 그 우주적 관리인들이 어떻게 우리에게 들키지 않고 우리를 잘 감시하는지는 알 수 없지만, 우리보다 뛰어난 기술을 지녔다면 그쯤은 쉬울 것이다. 좌우간 우리는 TV 프로그램을 통해서 우리의 존재를 우주로 누설하는 형편이다. TV의 마이크로파 잡음은 바로 이 순간에도 지구 밖 우주로 나가서 빛의 속도로 멀리멀리 퍼지고 있다.

그들이 태양계에 도착은 했지만 지구에 오지 않는 쪽을 선택했다는 의견도 있다. 미카엘 파파기아니스Michael Papagiannis (1933~1998, 그리스 출신의 천문학자)는 그들이 우주선을 탄 채 소행성대에서 살고 있을지도 모른다고 말했다. 햇빛을 에너지원으로 쓰고 소행성들의 물질을 산업 활동의 재료로 쓰면서 살고 있다는 것이다. 한편 데이비드 스티븐슨David Stephenson(뉴질랜드 출신의 천체물리학자)은 소행성대보다 더 먼 곳에 존재할 것 같다고 말했다. 그들은 해왕성 궤도 근처에 숨어 있다가 탄소 물질을 얻기 위해 가끔씩 소행성대로 슬쩍 다가온다는 것이다.* 해왕성 궤도만큼 멀리 있는 우주선은 그 크기가 매우 크더라도 우리는 그것을 감지하기 어렵다. 소행성대라도 마찬가지인데, 소행성들이 위장 효과로 그들을 가리고 있을 것이기 때문이다. 이런 제안들을 불가능하다고 배제할 수는 없지만, 너무 과학소설처럼 들리는 것도 사실이다. 가정이 너무나 극단적이고, 추

---

* 파파기아니스와 스티븐슨의 더 자세한 글은 도널드 골드스미스가 엮은 선집 《외계 생명체를 찾아서》를 참고. Donald Goldsmith, Editor, *The Quest for Extraterrestrial Life. A Book of Readings*. Mill Valley, California: University Science Books, 1980.

론의 연쇄가 너무나 길다. 증거가 없는 이상 흔쾌히 받아들이기 어렵다.

우리가 앞에서 논했듯이 생명의 발생은 대단히 어려운 사건일 수도 있다. 그렇다면 우리 은하에 우리뿐이라는 하트의 결론은 옳을 수도 있지만, 설령 결론이 옳더라도 그의 근거는 딱히 설득력이 없다.

다음으로 우리 은하에 다른 지적 생명체가 있지만 그들은 어떤 이유에서든 고향에만 머무른다고 하자. 최소한 그들은 우리에게 신호라도 보내려 하지 않을까? 이것은 지금 자세히 이야기하기에는 너무 복잡한 주제다. 신호를 보내는 것은 로켓을 보내는 것보다 훨씬 쉽지만 그래도 생각해야 할 것이 많다. 어떤 파장을 쓸까? 복사를 사방으로 보내야 할까, 좁은 빔으로 집중시켜 더 멀리 가게끔 해야 할까? 후자라면 어느 방향을 선택할까? 무슨 내용을 실어 보낼까? 신호의 머리말로 흔히 사용되는 것은 소수素數인데, 그 내용이 어디에서나 불변이기 때문이다. 대부분의 수학적·물리학적·화학적 내용이 그렇다. 첫 만남에서 다른 문명들은 문학이나 역사와 같은 인문학적 주제들을 거의 이해하지 못할 것이다. 그들의 음악이 우리의 음악과 조금이라도 비슷할까 하는 문제 또한 논쟁거리가 될 수 있다.

설령 은하에 많은 문명이 존재하더라도 그들이 반드시 우주로 신호를 전송한다고 기정사실화할 수는 없다. 우리는 어떤가? 우리도 메시지를 보내야 할까? 토머스 골드Thomas Gold

(1920~2004, 미국 천문학자)는 우리가 조금이라도 사리 분별이 가능하다면 조용히 입을 다물고 있어야 한다고 주장했다. 어쩌면 모두가 듣기만 하고 아무도 말하지 않는 상황일지도 모른다. 미국과 소련의 연구자들이 그런 신호를 잡아내려는 시도를 소박하게나마 한 적은 있지만 아직은 성공하지 못했다. 우리가 은하 내 다른 생명의 존재 확률을 어떻게 판단하든 크게 비싸지 않은 연구 프로그램을 통해 그런 신호를 살펴보는 것은 합리적인 일이다. 유용한 천문학적 지식이 부산물로 따라올 수 있기에 더욱 그렇다.

장기적으로 우리는 페르미의 질문에 답할 수 있어야 한다. 은하의 크기와 성질을 파악한 이상, 그 속에서 우리가 유일한 거주자인지 아닌지를 모른다는 것은 참기 힘든 일이다. 심지어 위험할 수도 있다. 하지만 이 책의 논의가 보여주었듯이 이 문제는 어느 쪽으로든 결정하기가 쉽지 않다. 이 문제는 여전히 우리의 과학기술에 힘겨운 과제다. 우리만이 아니라 우리 후손에게도 그럴 것이다.

15장

왜 신경을 써야 하는가

LIFE ITSELF

~

인류의 영원한 숙제, 생명의 기원

여러분은 살짝 속은 기분이 들지도 모르겠다. 생명이 그렇게나 오래전에 시작되었다면, 그리고 그 과정을 밝히기가 그렇게나 어렵다면, 우리는 왜 이 문제를 신경 써야 할까? 일상을 살아가느라 분주한 갑남을녀는 그 결과가 어떻든 자신에게는 아무런 차이가 없다고 말할지도 모른다.

하지만 이런 견해는 각각 특수하고 보편적인 두 가지 이유에서 잘못되었다. 다음과 같이 가정하여 생각해보자. 앞에서 나는 원시 지구의 구성 요소들로부터 적절한 자기복제계self-replicating system가 발생하는 사건이 거의 불가능할지도 모른다고 걱정했는데, 사실은 비교적 쉽다고 하자. 구성 요소와 조건을 기발하게 잘 선택한다면 실험실에서 채 1년도 안 되는 비교적 짧은 기간 내에 생명계를 만들 수 있다고 하자. 이런 발견은 모든 교양인들에게 엄청난 충격을 안기지 않을까? 젊은이들에게 특히 더 그럴 것이다. 우리가 자연에서 실제로 벌어지는 현상을 시각적으로 이해하게 될 때 그것이 우리에게 미치는 심리적 효과는 대단하다. 우주에서 지구를 찍은 사진들이 우리가 행성을 바라보는 시각에 큰 영향을 미쳤던 것을 떠올려보라. 구름으로 알록달록 무늬진 채 허공에 걸린 아름다운 지구의 사진이 주었던 것만큼 큰 미학적 충격을 실험실 내의 실험들이 보여주지 못하겠지만 말이다.

어쨌든 순수하게 화학적이기만한 무생물계에서 기초적인 생명계가 진화할 수 있다는 것을 재현 가능한 실험으로 보여줄 수 있다면, 우리가 자연에 대해 느끼는 일체감은 더욱 강화될 것이다. 지구를 구성하는 모든 원자 및 분자와의 일체감도 강화될 것이다. 이런 발견에서 '실용적인' 결과가 탄생할까? 국회의원들이나 사업가들은 실용성을 끔찍이도 사랑한다. 그들은 '야구에 어떤 실용적인 가치가 있습니까' 따위의 질문을 하는데, 이는 그 발견이 질병 치료에 쓰일 수 있느냐, 혹은 돈이 되느냐 하는 뜻이다. 답은 나도 모른다. 하지만 근본적인 과학적 발견 중에서 어떤 방식으로든 유용하게 응용되지 않은 것은 거의 없다.

비판적인 독자는 내게 이렇게 반박할지도 모른다. 그런 실험이 가까운 미래에 성공한다는 보장이 없고, 실패할 가능성이 성공할 가능성보다 더 높지는 않지만 적어도 비슷한 수준이라면, 위의 주장을 펼칠 근거가 없는 것 아닌가? 생명의 화학적 발생이 사실은 지극히 드문 사건이었다면, 우리가 이를 다시 재현하려는 것은 너무 막연한 일이 아닌가? 현재 과학계가 이 문제에 크게 노력하지 않는 실정이니 더욱 그럴지도 모른다.

이 반론에 대해서 나는 보편적인 주장으로 반박할 수 있다. 내 견해는 우리가 처한 어제오늘의 주목할 상황에 바탕을 두고 있다. 현재 우리가 살아가는 시대는 문명이 5,000년에서 1만년 쯤 발달한 시점이다. 오늘날 대부분의 과학자들은 서구 문화를 경험하며 자라났는데, 이 문화는 원래 종교적이고 철학적인 여러 믿음들이 결합한 신념 체계에 기반을 두었다. 그런 믿음이란 가령 지구가 우주의 중심이라는 생각, 창조 이후 지금까지 흐른 시간이 길지 않다는 생각, 영혼과 물질 사이에는 넘을 수 없는 간격이 있다는 믿음, 사후세계에 대한 확신까지는 아니더라도 그 가능성에 대한 인정 등이었다. 더불어 모세, 예수 그리스도, 무함마드 같은 역사적 인물들이 설파했다는 몇몇 교리에도 과도하게 의존했다.

하지만 오늘날의 서구 문명은 좀 다르다. 그 두드러진 특징은 여전히 많은 사람이 위의 믿음들이 남긴 잔재를 품고 있는데 반해 대부분의 과학자들은 거기에 전혀 동의하지 않는다는 점이다. 과학자들의 생명관은 사뭇 다른 사고 체계에 기반을 둔다. 예를 들어 물질과 빛의 정확한 속성 및 그것들이 따르는 법칙, 우주의 크기와 일반적인 성격, 진화의 현실성과 자연선택의 중요성, 생명의 화학적 기반, 그중에서도 유전물질의 성격 등이다. 몇몇 이론에는 뉴턴, 다윈, 아인슈타인 등 과학적 '예언가'들의 이름이 붙어 있다. 과학자들은 이런 인물들을 대단히 존경하면서도 그들의 발상을 비판의 성역으로 간주하지 않는다. 그들의 삶을 딱히 칭송하지도 않는다. 그들의 업적이 가치 있다고 여길 뿐이다.

감수성이 예민한 과학자라면 종종 자신이 남들과는 다른 문화에서 사는 것 같은 이상한 기분을 느낀다. 그는 많은 지식을 가지고 있지만, 앞으로 발견할 것이 더 많다는 점도 또렷이 느낀다. 그런 심오한 수수께끼들은 시간과 노력은 물론이고 풍부한 상상력까지 바탕이 된 인류가 반드시 이해해야 할 문제라고 믿는다. 그래서 그의 탐구에는 긴박함이 감돈다. 그에게는 과학적 근거가 부족한 전통적인 해답을 무비판적으로 수용할 마음이 없기 때문에 더욱 그렇다.

과학자의 이런 관점에 대해 노골적으로 적대감을 표시하는 사람은 소수의 창조론자들을 제외하고는 거의 없다. 그럼에도 그는 자신의 연구에 대한 사람들의 반응에 어리둥절할 때가 많다. 대중의 상당수는 현대 과학의 다양한 발견에 관심이 많으므로 그에게 강연을 해달라, 글을 써달라, TV에 나와달라 등등 많은 것을 자주 요청한다. 그러나 과학에 관심이 있거나 호의적인 사람들이라도 그들의 일반적인 생명관은 과학의 영향을 거의 받지 않는다. 케케묵은 종교적 신념을 고수하여 과학을 그와는 완전히 분리된 영역에 집어넣거나, 과학을 피상적으로 흡수하여 초감각적 지각이나 점술, 죽은 사람과의 교신 같은 미심쩍은 생각들과 결합시킨다. "과학자라고 다 아는 건 아니야"라고 말하는 사람들이다. 물론 과학자들은 자신이 모든 것을 알 수는 없다는 사실을 뼈저리게 인식한다. 하지만 헛소리를 들었을 때는 그것이 헛소리임을 구분할 수 있다고도 믿는다.

인간이 자연선택에 의해 진화한 동물이라는 발상 속에 담긴 여러 의미를 사람들이 깨달은 것은 겨우 지난 10년 동안의 일이었다. 아직도 윤리학 교수들 가운데 이런 관점에서 윤리 문제에 접근하는 사람은 드물다. 조직적 스포츠에 대한 대중의 애착을 보면서 왜 이렇게나 많은 사람이 이토록 이상하게 행동할까 자문해보는 사람도 거의 없다. 대중이 축구에 열광하는 것은 우리 선조가 오랜 세월 동안 부족 전쟁을 치러온 탓일지도 모른다고 추측해보는 사람은 더더욱 없다.

우리 선조들이 생생한 진리로 여겼던 과거의 많은 신화는 이미 무너졌다. 남은 파편들 중에서 우리가 잘 활용할 만한 것이 있는지는 모르겠지만, 이제 그것들은 빈틈없이 단단하게 조직된 신념 체계로 서 있지 못할 만큼 위태롭게 흔들린다. 그런데도 대부분의 사람들은 이 사실을 깨닫지 못한 채 그냥 만족하고 있다. 요즘도 교황이 가는 곳마다 열광적인 환대가 끊이지 않는 것을 보면 알 수 있다.

많은 철학자가 이런 상황을 전반적으로 받아들인 것은 사실이다. 하지만 대부분은 오래된 신념의 붕괴에 망연자실하며 음울한 비관주의 외에는 다른 무엇도 내놓지 못하고 있다. 오직 과학자들만이 이 난국에 의연하게 맞서고 있는 듯하다. 그들은 지난 100년간 두드러진 과학의 성공에 힘입어 기세가 충만하기 때문이다. 과학자는 자기 주변을 둘러싼 경제적·정치적 문제들을 볼 때면 냉정해지지만, 자신의 능력에 대해서는 거의 무한한 믿음을 보여준다. 자신이 이론과 실험 양쪽에 굳건히 뿌리를 내린 채 자신을 둘러싼 세상을, 더 나아가 자신을 비롯한 인간 자체를 면밀하게 연구함으로써 과거와는 전혀 다른 신념 체계를 굳건히 다질 수 있다고 믿는다. 인간의 복잡 미묘한 뇌를 적극적으로 탐색하는 과학자들은 갈 길이 멀다고 느끼겠지만, 그런 그들도 앞으로 몇 세대 안에 우리가 문제의 핵심에 다가갈 수 있다고 느낀다.

우리가 생명의 기원을 논할 때 염두에 두어야 하는 것이 바로 이런 배경이다. 생명의 기원은 분명 우리가 직면한 크나큰 수수께끼들 중 하나다. 우주가 어떻게 만들어졌는지, 그 속에서 우리의 위치가 어떤지를 알아야 하기 때문이다. 생명의 기원은 다른 굵직한 의문들과 어깨를 나란히 하는 문제다. 물질과 빛의 성질, 우주의 기원, 인간의 기원, 의식과 '영혼'의 본질 등 대부분은 그리스인들이 최초로 명확하게 표현했던 문제들이다. 이런 주제들에 관심을 보이지 않는 것은 참으로 교양 없는 일이 아닐 수 없다. 더구나 이제 우리에게는 생명의 기원에 대해 구체적으로 대답할 수 있으리라는 희망이 있다. 우리는 셰익스피어의 시대만 해도 기적처럼 보였을 방법들을 써서 문제를 풀 수 있다.

생명의 기원은 또 하나의 중요한 의문과 밀접하게 관련된다. 이 책에서는 살짝 건드리기만 한 문제로, 정말로 우주에는 우리뿐인가 하는 의문이다. 이 문제를 자세하게 논하려면 방대한 거리에서 신호를 주고받는 방법 등 다른 많은 측면을 더 고려해야 하는데, 이는 우리의 논의에서 너무 벗어난다. 어쨌든 우리가 다른 지적 생명체의 존재 여부를 아직까지도 모르는 까닭은 생명 발생의 확률을 정확하게 추정할 수 없기 때문이다. 만약에 우리보다 앞선 문명이 로켓에 미생물을 태워 지구로 보냈다면, 그들은 아마도 태양 외의 다른 별들로도 로켓을 많이 파견했을 것이다. 그렇다면 현재의 우리 은하에는 비록 생명이 희귀하더라도, 약 40억 년 전쯤에는 미생물에 감염된 행성들이 많았을지도 모른다. 그러나 별들은 은하의 중심을 기준으로 천천히 회전하면서 서서히 퍼져나갔기 때문에 지금은 그런 행성들이 우리에게서 아주 멀리 떨어져 있을 것이다. 설령 그곳의 생명이 발달된 문명을 이루었더라도 지금은 우리와 거리가 멀어서 쉽게 교신할 수 없는 상황인 것이다.

우리가 정말로 다른 문명으로부터 메시지를 받는다면 어떨까? 그것이 얼마나 큰 사건일지는 상상력을 많이 발휘하지 않아도 알 수 있다. 그런데도 우리가 뜬눈으로 밤을 지새우며 그 만일의 사태를 걱정하지 않는 것은 그것이 너무나 먼 이야기 이기 때문이다. 어쩌면 우리 후손들은 우리와 접근하는 시각이 다를지도 모른다. 그들은 더욱 발전된 도구로 우주를 내다봄으로써 그곳에 무엇이 있는지, 어떤 형태이든 생명의 징후가 있는지 알아내려 할 것이다. 그리고 무엇보다도 어떻게 하면 이 넓고 공허한 우주를 탐사할 수 있는지 알아내려 할 것이다.

우리는 은하를 감염시켜야 하는가

한 가지 논제가 남았다. 생명이 지구에서 어떻게 시작되었는지를 영원히 알아내지 못하더라도, 언젠가 우리는 다음과 같은 현실적인 질문에 맞닥뜨릴 것이다. 우리는 우주의 다른 곳으로 우리와 같은 형태의 생명을 퍼뜨려야 할까? 퍼뜨려야 한다면 어떤 방법을 선택해야 할까?

이 문제를 8장에서 어느 정도 다루기는 했다. 우리 스스로 파멸의 길을 걷지만 않는다면, 언젠가 우리는 가까운 별들에 행성이 있는지 없는지 알 수 있을지도 모른다. 달에 최첨단 도구를 설치해서 알아내거나 행성, 소행성대, 혜성을 널리 탐사함으로써 태양계의 형성 과정을 어느 정도 알아낼지도 모른다. 그래서 어느 행성의 환경이 우리에게 우호적인지를 짐작할 수 있을지도 모른다. 로켓의 설계도 비약적으로 발전했을 것이다.

로켓은 비록 광속에 다가가지는 못하더라도 상당히 먼 거리를 가면서 대단히 오랫동안 믿음직하게 작동할 것이다.

이런 능력들을 손에 넣었을 때 우리는 어떻게 할까? 제일 쉬운 방법은 우리가 이미 화성에 적용했던 방법으로, 사람이 아닌 무인 기구를 보내어 보고를 받는 것이다. 비교적 간단한 이 방법조차 현재의 기술을 넘어선다. 우주선을 외계 행성 궤도에 성공적으로 들여보내는 일에는 까다로운 공학적 기예가 요구된다. 엄청나게 먼 거리를 상당히 장시간에 걸쳐 여행한 뒤일 테니 더욱 그렇다. 궤도에 머무르기보다는 행성의 단단한 표면에 안착해야 정보를 더 많이 얻을 수 있겠지만, 표면에 내리려면 더욱 발전된 기술이 필요하다.

사람을 보낸다면 이런 문제들 중 일부가 해결되겠지만, 사람을 보내는 일에는 전혀 다른 더 복잡한 문제들이 따라온다. 사람들이 살아서 도착하도록 만드는 것부터가 문제다. 그들이 그곳의 불리한 조건을 견디고 식민지 구축에 성공할 가능성이나 살아서 다시 돌아올 가능성은 무한히 낮다. 토머스 골드의 말처럼 사람들이 무사히 그곳에 도착했다고 가정할 때, 제일 현실적인 결과는 그들에게 묻어간 세균이 그곳의 원시 바다에서 생존하고 증식하여 우주인들이 모두 죽은 뒤에도 살아남는 것이다. 그럴 바에야 애초에 세균을 보내는 게 낫지 않을까? 이렇게 선택한다면 당장 설계 문제가 간단해진다. 이유는 앞에서 다 설명했다. 이처럼 미래에 우리 스스로 우주를 탐사하고 식민화할 과정을 구체적으로 상상해보면, 우리는 정향 범종설을 좀 더 호의적으로 바라보게 된다.

하지만 이웃 행성들을 감염시키려는 이 열성적인 계획에서 우리가 사소하지만 간과한 사실이 있다. 우리가 선택한 행성에서 이미 다른 형태의 생명이 진화했다면 어떨까. 우리 후손들이 우주에 생명이 흔하다고 판단할지 드물다고 판단할지를 현재 우리로서는 알 수 없고, 그들의 판단이 얼마나 정확할지도 알 수 없다. 가까운 별에 행성이 존재하는지와 그 행성의 환경을 대충 알아내는 기술은 그다지 먼 미래가 아니겠지만, 그곳에 생명이 있는지 없는지 알아내는 것은 그보다 더 먼 미래의 일이다. 지금 우리가 태양계 속 행성이나 위성에서 생명을 확인하는 것이 얼마나 어려운지만 봐도 알 수 있다. 증거라고 해봐야 탐사선을 착륙시킨 곳에서 얻은 것밖에 없지 않은가. 따라서 언젠가 우리 후손들의 마음속에 우주 탐사에 대한 욕망이 팽배하게 고조되더라도 그들은 그곳에 생명이 존재하는지에 대한 여부는 여전히 모를 가능성이 높다.

그래서 결국 어떻게 될지 그 결론을 짐작하는 것은 언제나 어렵다. 우리 후손들은 새로운 우주적 윤리 문제에 직면할 것이다. 인류는 고도로 발달한 존재로서 다른 행성의 연약한 생태계를 교란시킬 자격이 있을까? 아니면 형태를 불문하고 모든 생명을 존중해야 할까? 우리는 지구에서도 이미 비슷한 딜레마를 경험하고 있다. 물론 천연두 바이러스의 생존권까지 존중할 사람은 많지 않겠지만, 채식주의자에게도 의견을 물어보자. 어쩌면 우리 후손들은 극심한 의견 대립을 겪을지도 모른다. 짓궂은 상상이지만 육식을 하는 사람들은 우주 탐사를 원하고 채식주의자들은 반대하지 않을까 하는 생각이 든다.

내침 김에 말하자면, 오늘날 우리가 태양계 바깥으로 내보내는 우주선에 대해서는 이런 걱정이 해당되지 않는 것 같다. 설령 우주선에 세균이 묻어 있더라도, 소수의 그 미생물들은 우주에서의 여행과 다른 태양계로의 진입을 견디지 못할 것이다. 그들이 다른 행성을 감염시킬 가능성은 터무니없이 낮으니 그 문제는 고민할 필요가 없다.

내가 분명하게 말할 수 있는 바는 단 하나, 서두르지 말자는 것이다. 운이 좋다면 우리에게는 앞으로도 수천 년의 시간이 더 있다. 시간이 갈수록 우리는 더 많이 알게 될 것이고, 어려운 숙제를 더 잘 다루게 될 것이다. 그러니 서두를 이유가 없지 않을까. 하지만 여기에는 전 세계의 정치적 안정이 무한히 오랫동안 유지된다는 가정이 깔려 있다. 현실이 그렇지 않다면, 틀림없이 몇몇 강력한 집단이 얼른 작업에 착수하고 싶어서 압박을 가할 것이다. 모종의 상황에 의해 사업이 도중에 중단된다면 또 모르겠지만 말이다. 내 개인적인 의견은 기다릴 수 있는 상황이라면 너무 밀어붙이지 말자는 것이다. 은하를 함부로 오염시켜서야 곤란하지 않겠는가.

유전부호

유전부호는 문자 4개짜리 핵산의 언어를 문자 20개짜리 단백질의 언어와 잇는 작은 사전이다. 3개의 염기로 이루어진 트리플렛 triplet은 각각 특정 아미노산을 지정하는데, 폴리펩티드 사슬의 종결을 뜻하는 세 종류의 트리플렛은 예외다. 뒤페이지를 보면 표준적인 부호표가 나와 있다. 약자를 사용했기 때문에 이해하는 데 조금 시간이 걸릴지도 모르겠다. mRNA를 구성하는 염기 네 종류는 각각의 머릿글자로 표시한다. U는 우라실 Uracil, C는 시토신 Cytosine, A는 아데닌 Adenine, G는 구아닌 Guanine이다. 20종의 아미노산들은 각각 3개의 문자로 표시하는데, 보통 이름의 첫 문자를 딴다. 가령 GLY는 글리신 GLYcine, PHE는 페닐알라닌 PHEnylalanine이다.

예를 들어 부호표 맨 왼쪽의 맨 위를 보자. UUU와 UUC가 둘

다 페닐알라닌을 지정함을 알 수 있다. 그 위치에 둘 다 PHE라고 씌어 있기 때문이다. 한편 오른쪽 아래 구석을 보면, GG로 시작하는 네 트리플렛 GGU, GGC, GGA, GGG는 모두 글리신을 지정한다. 이런 트리플렛을 '코돈'이라고 부르는데, 대부분의 아미노산은 코돈이 여러 개이지만 트립토판TRyPtophan은 하나뿐UGG이고 메티오닌METhionine도 하나AUG다.

메티오닌을 지정하는 트리플렛 AUG는 '사슬을 시작하라'는 신호에도 해당한다. 모든 사슬이 메티오닌이나 그 가까운 친척으로 시작되기 때문이다. 이 아미노산은 맨 앞에 붙었다가 단백질이 완성되기 전에 보통 잘려나간다.

다음의 표 '유전부호'는 표준 부호표다. 거의 대부분의 동물, 식물, 미생물이 단백질을 합성할 때 공통적으로 사용하는 부호라는 뜻이다. 최근에는 약간 변형된 형태도 발견되었지만, 그 내용은 이 표에 반영되지 않았다. 새로운 정보에 따르면 사람의 미토콘드리아 속 유전자들은 UGA와 UGG를 둘 다 트립토판의 부호로 쓴다. AUA는 이소류신IsoLEUcine이 아니라 메티오닌을 지정한다. 따라서 사람의 미토콘드리아에서는 모든 아미노산이 적어도 둘 이상의 트리플렛으로 지정되는 셈이다. 중지STOP 코돈도 세 개가 아니라 네 개 UAA, UAG, AGA, AGG다. AGA와 AGG가 아르기닌ARGinine이 아니라 중지를 뜻하기 때문이다.

효모를 포함한 다른 종들의 미토콘드리아도 이와 비슷하지

유전부호

첫 번째 ↓ 두 번째 →	U	C	A	G	세 번째 ↓
U	PHE	SER	TYR	CYS	U
	PHE	SER	TYR	CYS	C
	LEU	SER	STOP	STOP	A
	LEU	SER	STOP	TRP	G
C	LEU	PRO	HIS	ARG	U
	LEU	PRO	HIS	ARG	C
	LEU	PRO	GLN	ARG	A
	LEU	PRO	GLN	ARG	G
A	ILEU	THR	ASN	SER	U
	ILEU	THR	ASN	SER	C
	ILEU	THR	LYS	ARG	A
	MET	THR	LYS	ARG	G
G	VAL	ALA	ASP	GLY	U
	VAL	ALA	ASP	GLY	C
	VAL	ALA	GLU	GLY	A
	VAL	ALA	GLU	GLY	G

만, 표준 부호에서 벗어난 형태가 사람의 미토콘드리아와 완전
히 같지는 않다.

아미노산 20종의 이름과 약자는 다음과 같다.

ALA - Alanine 알라닌

ARG - Arginine 아르기닌

ASN - Asparagine 아스파라긴

ASP - Aspartic acid 아스파르트산

CYS - Cysteine 시스테인

GLN - Glutamine 글루타민

GLU - Glutamic acid 글루탐산

GLY - Glycine 글리신

HIS - Histidine 히스티딘

ILEU - Isoleucine 이소류신

LEU - Leucine 류신

LYS - Lysine 리신

MET - Methionine 메티오닌

PHE - Phenylalanine 페닐알라닌

PRO - Proline 프롤린

SER - Serine 세린

THR - Threonine 트레오닌

TRP - Tryptophan 트립토판

TYR - Tyrosine 티로신

VAL - Valine 발린

STOP이라고 적힌 세 트리플렛은 폴리펩티드 사슬을 끝낼 수 있는 트리플렛들이다.

RNA와 유전부호

RNA는 DNA와 아주 비슷하다. 디옥시리보스당 대신에 리보스당을 갖고 있는 점이 다를 뿐이다. 그래서 이름이 리보핵산 RiboNucleic Acid, 즉 RNA다. 디옥시리보스는 리보스의 -OH기가 -H기로 바뀐 것이다. RNA의 네 염기 중 세 종류 A, G, C는 DNA와 같고, 네 번째 우라실U은 티민T의 가까운 친척이다. 티민은 우라실의 -CH$_3$기가 -H기로 바뀐 것이다. 이 차이는 염기들의 짝짓기에 거의 영향을 미치지 않는다. DNA에서 T와 A가 짝짓듯이, U는 A와 짝짓는다. RNA는 DNA와 언어가 같지만 억양이 다른 셈이다. RNA도 이중나선을 형성할 수 있는데, DNA 이중나선과 비슷하지만 같지는 않다. RNA 한 가닥과 DNA 한 가닥으로 혼성 이중나선을 형성하는 것도 가능하다. 하지만 RNA가 긴 이중나선인 경우는 드물고, 보통은 단일 가닥이다. 가끔 스스로 접혀서 일부분이 짧게 이중나선을 이루기도 한다.

오늘날의 생물체들은 RNA를 세 가지 목적으로 사용한다. 소아마비 바이러스와 같은 소수의 작은 바이러스들은 DNA 대신에 RNA를 유전물질로 쓴다. 보통 단일 가닥 RNA를 쓰지만, 이중 가닥 형태로 쓰는 바이러스들도 소수 존재한다. RNA는 구조적인 용도로도 쓰인다. 단백질 합성이 실제로 벌어지는 장소인 리보솜은 여러 고분자들이 복잡하게 얽힌 구조물로, 구조

RNA 분자 여러 개에 다양한 단백질 분자 수십 개가 모여 있다. 아미노산과 그 아미노산을 지정하는 염기 트리플렛을 접촉시켜주는 분자도 RNA로 만들어져 있다. 운반 RNA라 불리는 이 tRNA 분자들이 개별 아미노산을 리보솜으로 나르고, 그 아미노산들이 리보솜에서 이어져 폴리펩티드 사슬로 길게 자라며, 완성된 사슬이 접혀서 단백질이 되는 것이다.

세 번째이자 가장 중요한 용도는 mRNA다. 세포는 일상의 작업에서 DNA를 직접 쓰지 않고 보관용으로 간직한다. 대신 DNA의 특정 부분에 대해서 RNA 복사본을 많이 만들어 그것으로 작업한다. 바로 이 mRNA 테이프들이 앞에서 소개된 유전부호에 따라 리보솜에서 단백질 합성을 실제로 지시한다.

생명의 기원을 자세히 살펴보면 tRNA 분자들의 성질이 사뭇 중요해진다. 아마도 그 분자들이, 혹은 그 분자들의 단순한 형태가 맨 처음에 등장하지 않았을까 하는 추측이 강하게 들기 때문이다. 자기복제계가 처음 발생했던 순간은 아니더라도 그로부터 그리 멀지 않은 시점에 등장했을 것이다. 단일 가닥 핵산, 특히 RNA는 종종 스스로 접히며 염기 서열이 허락하는 지점에서는 짧게 이중나선을 이루곤 하는데, tRNA가 좋은 예다. tRNA 분자의 뼈대는 마구 흐트러져 있는 것이 아니라 잘 접혀서 제법 조밀하고 정교한 구조를 이룬다. 그중 한 지점에 세 개의 염기(tRNA의 유전부호인 안티코돈)가 드러나 있고, 이것이 mRNA의 적절한 세 염기(mRNA의 유전부호인 코돈)와 결합한다.

tRNA는 흡사 어댑터와 같아서 한쪽에는 아미노산이 있고, 반대쪽에는 안티코돈이 있다. 이것은 아미노산이 코돈을 직접 인식하는 메커니즘이 없기 때문이다. 따라서 오늘날 유전부호의 특징은 한 종류의 아미노산에 대해 적어도 한 종류(보통은 하나 이상)의 tRNA가 존재한다는 점, 그리고 그런 tRNA들의 집합을 각각의 아미노산과 적절히 결합시켜주는 20종의 효소들(아미노산 한 종류에 하나씩)로 구현되었다는 점이다. 이것이 바로 단백질 합성의 필수 요소이며(물론 이밖에도 다른 요소들이 더 있다), 이런 것들을 생산하는 정보는 DNA로 만들어진 유전자에 모두 암호화되어 있다.

| 감사의 말 |

나는 이 책을 캘리포니아 남부의 솔크 연구소Salk Institute로 옮긴 뒤에 썼다. 나를 위해 연구교수 자리를 마련해준 키케퍼 재단Kieckhefer Foundation과 추가로 도움을 준 퍼카우프 재단Ferkhauf Foundation, 노블 재단Noble Foundation에 감사한다. 특히 솔크 연구소의 소장으로서 창의적인 과학 연구에 이상적인 환경을 제공해준 프레더릭 드 호프만Frederick de Hoffmann 박사에게도 감사를 표한다.

만약에 내가 레슬리 오겔 박사와 오래 친교를 쌓아오지 않았다면, 내가 생명의 기원 문제에 관여하는 일은 없었을 것이다. 이 책의 뼈대를 이루는 정향 범종설이라는 발상은 오겔과 내가 함께 쓴 논문에서 시작되었다. 그러나 그가 내게 미친 영향력은 여기에 그치지 않고 훨씬 더 깊었다. 그가 솔크 연구소에서 이끄는 연구진은 생물 발생 이전 화학에 관한 실험을 수행한다. 우리는 거의 매주 만나서 그 문제의 여러 측면들을 토론했다. 오겔은 또 이 책의 초고를 읽고 사려 깊은 조언을 해주었다. 범종설을 처음 제안했던 스반테 아레니우스의 손자인 구스타브 아레니우스Gustav Arrhenius 박사도 원고를 읽어주었다. 나는 박사의 많은 조언을 듣고서 이 책의 여러 부분, 특히 지구의 원시 대기를 다루는 부분을 전면적으로 수정했다. 물론 그렇다고는 해도 최종 결과는 그의 책임이 아니다. 톰 주크스Tom Jukes 박사와 내 아들 마이클 크릭Michael Crick도 여러 가지로 나를 도와주었다.

나는 경험이 일천한 작가여서 사이먼 앤드 슈스터Simon and Schuster, Inc. 출판사 직원들의 도움을 많이 받았다. 이 책은 앨리스 메이휴Alice Mayhew의 조언과 제안 덕분에 애초보다 훨씬 더 나아졌고, 그녀의 열정 덕분에 나는 처음의 머뭇거림을 극복할 수 있었다. 이 책의 제목도 그녀가 제안했다. 앤 고도프Ann Godoff는 묵묵히 효율적으로, 때로는 대단한 참을성으로 이런저런 혼란과 업무의 지연을 처리해주었다. 교열 담당자 낸시 쉬프먼Nancy Schiffmann은 가장 친절한 방식으로 내 문장을 다듬어주었고, 실수와 모호함을 고쳐주었다. 솔크 연구소의 내 비서 베티 라스Betty Lars는 거의 판독 불가능한 내 글씨와 그녀에게 생경한 전문용어들을 의연하게 다뤄주었다. 모두의 노고에 감사한다.

From *Chemistry* by Linus Pauling and Peter Pauling. San Francisco: W. H. Freeman and Company, 1975.

From *Molecular Genetics: An Introductory Narrative*, 2nd ed., by Gunter S. Stent and Richard Calendar. San Francisco: W. H. Freeman and Company, 1978.

From *Biochemistry*, 2nd ed., by Lubert Stryer. San Francisco: W. H. Freeman and Company, 1981.

From *Science* magazine: "Left-Handed Double Helical DNA: Variations in the Backbone Conformation," Dr. Gary Guigley, Dept. of Biology, M.I.T., *Science*, Vol. 211, pp. 171-76, Cover, 9 January 1981.

From *Science* magazine: "Left-Handed Double Helical DNA: Variations in the Backbone Conformation," Wang, A. H. J., *Science*, Vol. 211, pp. 171-76, Cover, 9 January 1981.

From *Molecular Biology of the Gene*, 3rd ed., by James D. Watson. New York: W. A. Benjamin, Inc., 1976.